庭院造景施工全书

〔日〕空　庵◎监修　　陈　刚◎译

北京科学技术出版社

图书在版编目（CIP）数据

庭院造景施工全书 /（日）空庵监修；陈刚译．--
北京：北京科学技术出版社，2020.11（2023.4 重印）
ISBN 978-7-5714-1036-0

Ⅰ．①庭… Ⅱ．①空… ②陈… Ⅲ．①庭院－园林设
计－日本－图集 Ⅳ．① TU986.2-64

中国版本图书馆 CIP 数据核字 (2020) 第 107062 号

策划编辑：李　菲
责任编辑：李　菲　王　晖
责任校对：贾　荣
责任印制：李　茗
图文制作：天露霖文化
出 版 人：曾庆宇
出版发行：北京科学技术出版社
社　　址：北京西直门南大街16号
邮政编码：100035
电　　话：0086-10-66135495（总编室）　0086-10-66113227（发行部）
网　　址：www.bkydw.cn
印　　刷：北京博海升彩色印刷有限公司
开　　本：889mm × 1194mm　1/16
字　　数：200千字
印　　张：13
版　　次：2020年11月第1版
印　　次：2023年4月第7次印刷
ISBN 978-7-5714-1036-0

定　　价：128.00元

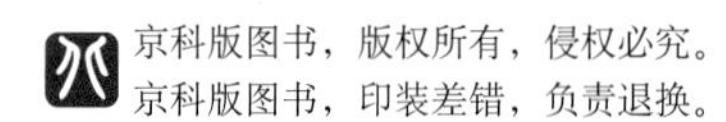

PREFACE
序 言

如今生态景观地产行业正在不断涌现，具有私人独立室外空间的私家庭院也正悄然兴起。

在我看来，这意味着有两个因素正在以强有力的方式同时发生作用：一是在国家"生态兴就是文明兴"的理念下，园林园艺行业整体势头发展迅猛，生态与地产正在高效融合；二是中国社会整体进入从"高速度发展"到"高质量发展"的转变，经济发展与民生水平的不断提高，使人们对地产提出了更高的居住要求，逐渐从最基础的住得下向住得好、住得美的方向不断发展。

而"庭院景观"则是整个现代私家庭院的灵魂。

庭院景观没有特殊、固有的定义，最通俗易懂的说法就是"一个有山、有水、有植物、有艺术的庭院多维空间"，人们对院子始终是有执念的，拥有一方私家庭院是幸福的，因为可以把生活空间延续到自然中去，而庭院景观的最高造诣就是"取之自然，融于自然"。

庭院造景则是一门综合的艺术，它融合了建筑与环境两门学问，将建筑与环境设计融为一体，它除了要满足庭院功能，给人们观赏、休闲、运动、精神理疗等提供服务外，还必须具有景观上的美，从而使小小的庭院画中有画，景中有景，咫尺千里，余味无穷。书中包含 23 道完整的施工流程及技术要点，40 个经典造园案例与解析，分门别类地介绍了造园施工中的各个技能模块，反映了当下流行的庭院造园风格。

这本书的优点主要有以下几个方面：

（1）书中所讲到的施工工艺方法是基于当下新材料、新技术、新工艺、新设备的应用，具有与时俱进的特色。

（2）这本书不是枯燥地讲理论，而是能够做到深入浅出，运用图片、图解等多种方式，让读者能够准确理解相关概念和理论。

（3）这本书融汇了大量的造园施工案例，是对书中理论向内容的重要诠释与补充；以理论加实操的方式给读者提供了全方位的造园指引。

（4）本书每个章节都穿插了相关的实操和练习建议，这些内容大大增加了本书的实用性与可操作性。书中动手练习内容都可操作，可以边学边练、边练边学。

总体来讲，这是一本适合所有园林园艺爱好者或想建造私家庭院的人群，“人人都可拥有一座花园”的理念在这本书中得到了集中展现，读者可以把它作为一本工具书、一本实用指导手册来读。希望广大读者在读过本书后能通过自己的双手 DIY 一个属于自己的私家庭院。

李夺

第 44 届世界技能大赛（园艺项目）中国技术指导专家

北京绿京华生态园林股份有限公司董事长

CONTENTS

目 录

卷首插图

趣味造园施工例

第1部分 庭院景观的各项施工方法

第3部分　庭院的装饰物品、物件与植物

卷首插图

趣味造园施工例

大范围铺植草坪，打造空旷的庭院

想必很多人都会梦想有一座绿意盎然的庭院，供自己休憩吧。翠色欲滴的草坪，望上去就会心旷神怡。在庭院的花坛里种植花草和树木，既可以防止沙尘和过度日晒，又可起到调节气温和湿度的作用。

层次分明的自然庭院。若用草坪覆盖客土，还可防止土壤流失。

铺设草坪→P46

月季组成的围篱。带有孔隙的格栅围篱具有良好的通风效果，非常适合月季生长。作为背景令人赏心悦目。

趣味造园 施工例

架设围篱，展现精致优雅的庭院

造园的第一步，应当从使用围篱、围墙和绿篱等将庭院围合开始，尤其是都市中，更需要在道路或者邻家之间的分界处设置遮蔽物，一般来说，根据使用目的来选择材质和形式。如果是为了保护隐私则可以选择砖砌高墙或混凝土围墙，如果要保留自然风貌则可选择网格花架或格栅围篱等更为开放的形式，还可以选择高度适中、既可保护隐私又没有压抑感的布料材质的围篱。可以通过不同的植物布局来表现日式或西式风格。

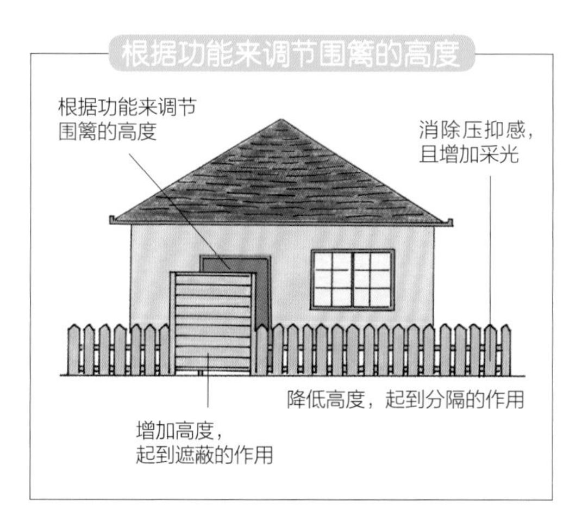

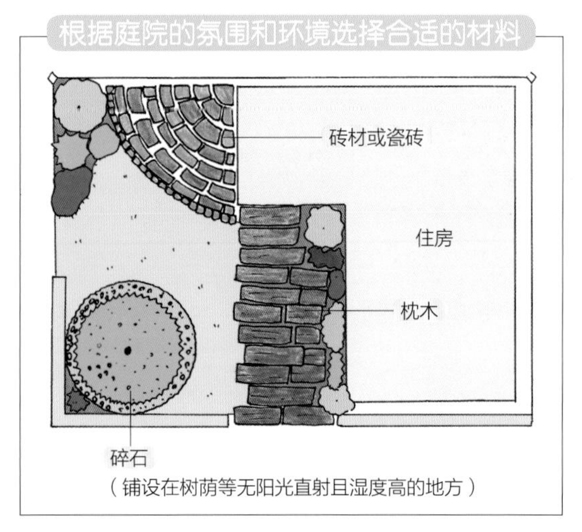

小径铺设枕木，与两旁花圃中的花草相映成趣。徜徉其中，缤纷绽放的花草尽收眼底。

园内路旁布置馨香的薰衣草。爬满藤蔓植物的拱门与长椅，既能发挥实用性，也可成为庭院中人们注目的焦点。

道路铺面→ P32

在石板无序铺就的道路两旁，盛开的三色堇鲜艳夺目。反复交替的相同色彩烘托出了韵律感。

庭院的铺面烘托出韵律感

地面的铺设称为铺面工程。在庭院及花坛间铺设的小路、大门到玄关迎来送往的通道、作为户外休闲空间而使用的中庭等，这些装饰和美化空间所使用的铺面材料有很多种。在考虑安全性的基础上，还要考虑材料的质感、颜色等来烘托庭院的氛围，在此基础上配合选择栽种植物。

趣味造园
施工例

露台与防腐木栈板打造闲适的院落

为观赏草花或家人团聚等提供休憩的空间，格栅围篱和木栈平台是不二之选。露台独立于庭院之中，与建筑物隔开，理想的位置为采光良好的地点。考虑庭院的整体均衡感以及与建筑物连贯性的设计，为庭院的氛围增添了许多动感。

木栈板平台搭建→P80

防腐木栈板可以设置于不同的地点，也不会破坏庭院整体的氛围。如左图所示，在围合木栈平台的砖墙前设置花坛，打造休憩的场所。

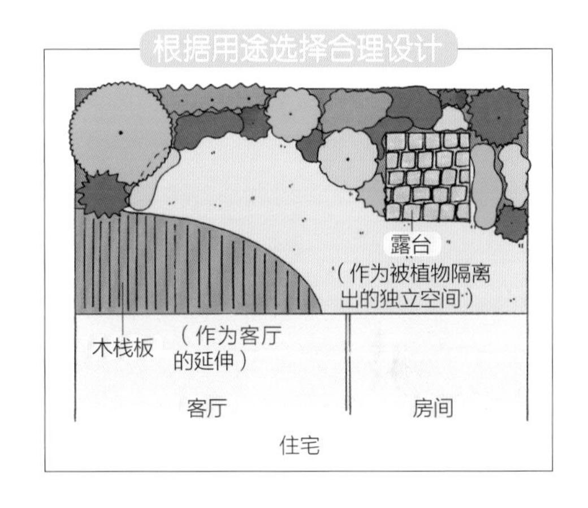

用砖块和沙子即可轻松地打造露台。由于砖块未经砂浆固定，因此可以自由变更造型，但是注意地面要铺设平整。

砖块铺面→P15

趣味造园 施工例

绿篱、竹篱为庭院增添日式韵味

绿篱是用树木建造的“绿色屏障”，主要用于场地的围合以及遮掩、防风等。修剪整齐的绿篱能更好地烘托出建筑物，且能呈现出美丽的绿色街景。搭建绿篱一般选择常绿树，需要根据绿篱的造型来选择合适的树种，因此选择植物时对其特性的了解很关键。竹篱是不可缺少的庭院背景，有多种设计形式，既有完全遮掩另一侧景观的类别，也有可穿透进行观望的类别。

绿篱的修剪→P76

错落有致的齿叶冬青和小叶杜鹃，层次分明，相得益彰，为枯燥苍白的围墙增添了情趣，营造整体氛围。

绿篱打造→P74

用棕绳固定的四目篱，属于穿透式竹篱，另一侧的景观隐约可见。也可以为庭院带来纵深感。

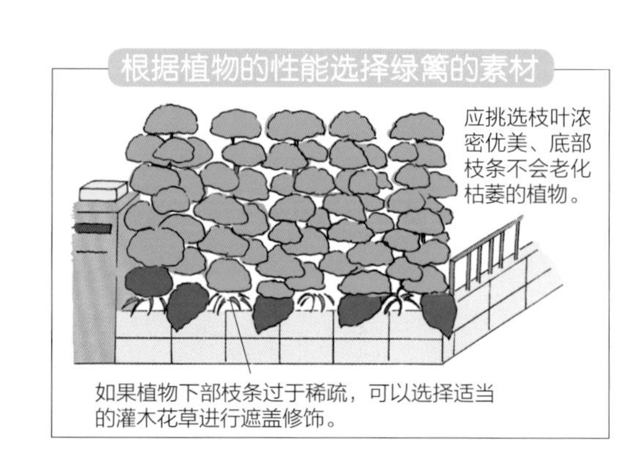

透过客厅的窗户，水景花池尽收眼底。池塘四周装饰自然石，旁边种植多肉植物和玉簪，日式氛围呼之欲出。

趣味造园
施工例

一泓池水，让庭院更富自然野趣

若要享受水趣，则可以在庭院中制作水池。周围的风景映入水面，风起水波荡漾，为庭院增加动态与变化之韵律生机。水池的形状要依据庭院风格而定。西式庭院中，圆形和直线相结合所组成的池塘较为合适；日式庭院则适合参差不齐形状的自然风水池。

发挥水之特色的设计构想

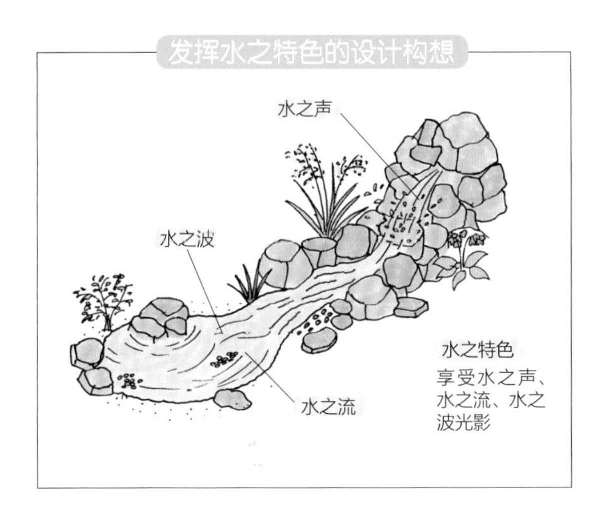

铺设防水布制作池塘→P98

利用防水布制造小小池塘。内部种植三白草这类水生植物，就可以营造生动的庭内池塘。

利用花棚、拱门、花架等营造富有立体感、层次感的庭院

趣味造园
施工例

花棚是庭院重要的装饰物件。运用拱门可以有意将空间分割，突出立体感。此外，锥形花架呈宝塔状，其设计网格，可供藤蔓植物攀爬，成为庭院的点睛之笔。

草坪的小径上设置简素的拱门棚架，可形成框景效果，营造出庭园的纵深感。

架设花架→P150

铁线莲缠绕攀爬的木制花架。既不会占据过多空间，也与西式风格的庭园相映成趣。

根据攀爬的植物类别调整高度

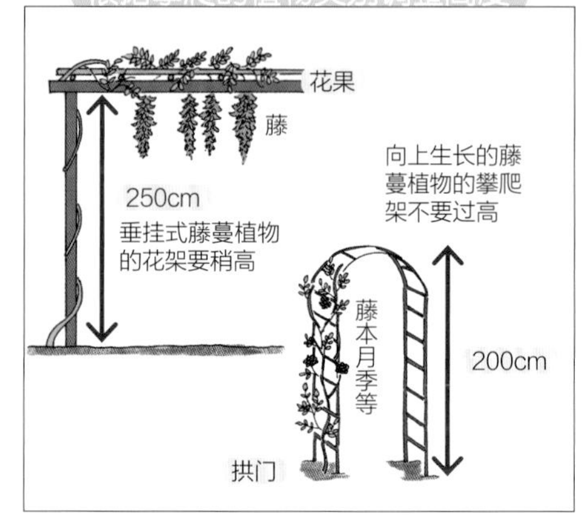

上图为网格花架与网格棚架同时设置的效果。网格花架的格栅富有变化，可与前面扇形的网格花架一同供不同种类的藤蔓植物生长与攀爬。

第 1 部分

庭院景观的各项施工方法

瓦工施工①

瓦工的基础

砖块属于非常实用的造园素材。尺寸、材质和价格多种多样，可以根据自己的用途和预算来进行合理选择。

巧用砖材砌筑造型，让庭院的空间变得更加生动。

瓦工的要点

瓦工是指使用砖块“铺砌”“平铺”“粘贴”等施工作业。

瓦工的大致流程为：①使用砂浆将砖块粘贴（也有不适用砂浆的）；②勾填缝；③砖面清洁。

即使是初学者，只要了解了下文的基础知识，也可以创作出富有韵味的作品。

●地基（基础）要打牢

施工场地的地基（基础）是支撑砖块的重要部分。如果地基没有打牢，搭建起来的物体也会崩塌，努力毁于一旦。（→ P12）

●预估需要使用的材料

如果施工中途材料不足，造成施工中断，则会影响到其他作业的准备。所以要事先从图纸上估算出需要使用的砖块数量。

●备用的砖块事先浸水

在水中浸泡过的砖块，其内部保存的水分与砂浆亲和，可以提高其粘接力。

●适量调制砂浆

如果调制好的砂浆长时间放置，则会硬化而无法使用。施工时应当注意。（→ P112）

●将砖块擦拭干净

即使施工上存在少许失误，只要将砖块擦拭干净，失误的地方甚至也可起到增添“韵味”的效果。

●增加韵味的要点

留出较宽的勾填缝：给人闲适、自然、朴实和手工制作的感觉。

留出较窄的勾填缝：营造出典雅、利落的氛围。

砖块的种类和特征

砖块大致上可分为两类：砌墙砖和铺面砖。通常，比较薄的砖块用作铺面砖，而砖块较厚、单面上有沟面、且有小洞以备钢筋穿过的用作砌墙砖。

从种类上来说，砖块可大致分为普通砖块、烧制砖块、耐火砖块和古风砖块。大小也各不相同，请根据使用目的选择砖块。

建材市场中售卖的各式砖块

普通砖块

红砖

日本的建筑物中较多使用的最基本的砖块。价格也十分亲民，轻松入手。尺寸约长210mm×宽100mm×厚60mm。

砌墙砖

将砖块堆积起来的时候，可在空洞处填满砂浆，增加砖块间结合力。也有古典风格的产品。尺寸约长210mm×宽100mm×厚60mm。

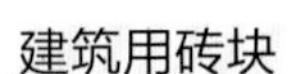

建筑用砖块

建筑物上所使用的建筑用砖。为了让钢筋穿进固定而专门开了孔。尺寸约长400mm×宽200mm×厚200mm。

陶砖

色彩古朴，具有质感的砖块。通常适用于玄关及广场。尺寸约长230mm×宽115mm×厚40mm。

过烧砖块

过烧砖块具有良好的强度，适合在停车场等负重的建筑地面中使用。尺寸约长200mm×宽200mm×厚60mm。

耐火砖块

和普通的砖块相比，耐火砖块使用高温烧制而成。强度高，但吸水性较差，适合应用于烤肉炉、砖窑等中。尺寸约长230mm×宽115mm×厚40mm。

古典砖块

砖烧成之后，有意做旧，制作出古典风韵的砖块。这种砖大小各异，颜色丰富。尺寸约长210mm×宽100mm×厚50mm。

施工场地的基础铺砌

基础铺砌是砖块砌筑施工中基础平台的搭建。基础平台的铺砌是砌砖作业中十分重要的一个环节。若不能妥善处理，则会出现倒塌或翘曲，费尽心思的作品则会成为危险品。这里，首先介绍基础平台的铺砌方法，同时还会介绍不同的做法及根据设置地点不同采取的省时省力的操作方式。

完成图

施工流程

1 施工场所的准备

2 砖块、砂浆的准备

3 基础地坪的制作

4 完成

使用的工具

- 尺寸测量：水平仪、水平线、卷尺
- 地面整平：锄头、圆撬、平铲、手铲、夯土工具
- 砂浆配制：铲子、拌浆桶
- 作业工具：抹泥刀
- 清扫工具：刷子、海绵

使用的材料

- 砖块、河沙、水泥、路基材料（碎石）

1 施工场所的准备

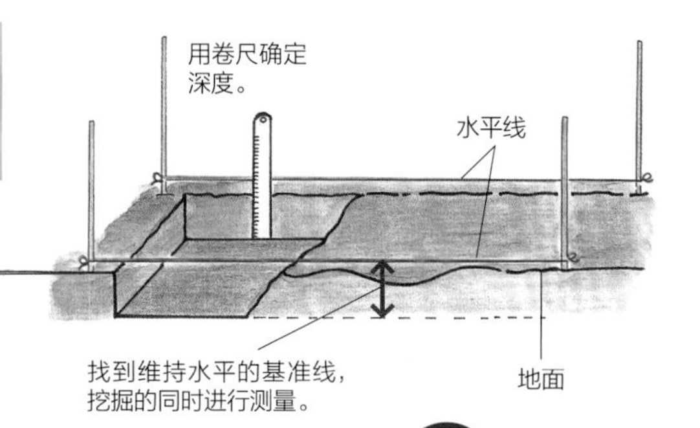

① 确定设置地点并做标记

决定垒砖的场所之后进行整地，并设置水平线（也可用尼龙绳等）。

要点

在挖好沟槽之后，水平线还会用来作砖块的水平测量依据（砖面的高度），因此水平线先不要拆。

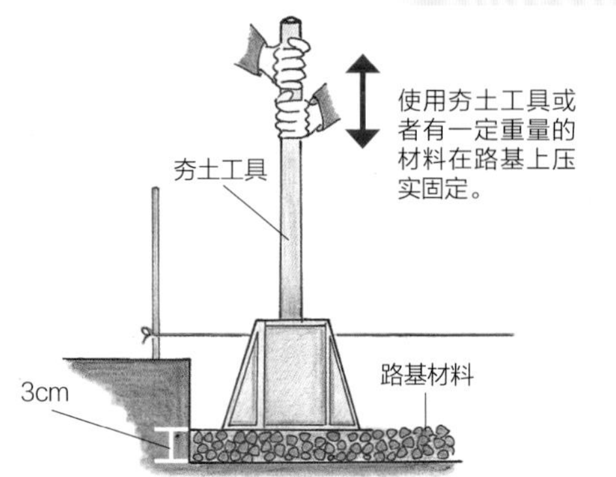

② 制作基础

在①确定的位置用锄头等工具挖出沟槽，将路基材料铺好后，用砂浆制作地基。不过也可以根据空间大小和条件，选择不使用砂浆。如果不用砂浆，则要在路基材料的上面覆盖河沙，并进行按压。

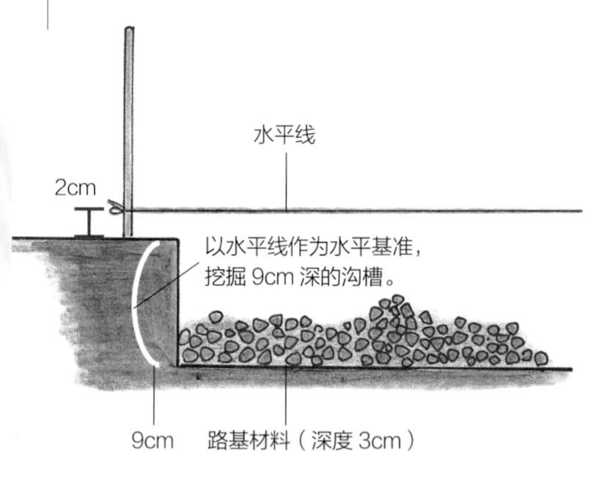

③ 完成基础

在铺好的路基材料上，用夯土工具敲打压平、固定。

2 砖块、砂浆的准备

❶ 将砖块浸泡入水中

将砖块浸泡入水中。

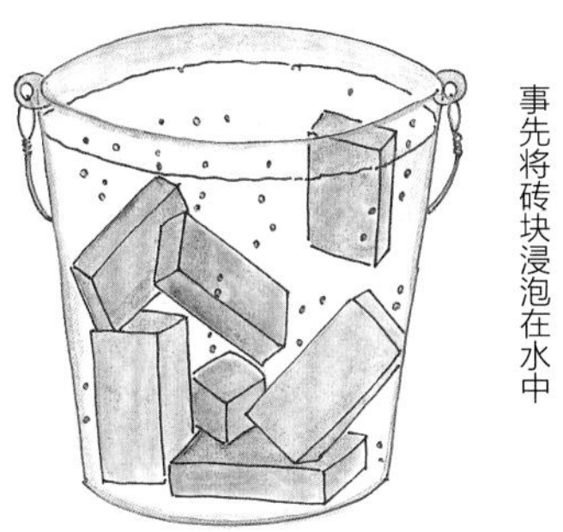

❷ 配制砂浆

将水泥与河沙混合（水泥量与河沙量之比为1：3），之后加水搅拌均匀（搅拌至与人的耳垂硬度相当）。

砂浆容易变干，不要配制过多，也不要长时间放置。

3 基础地坪的制作

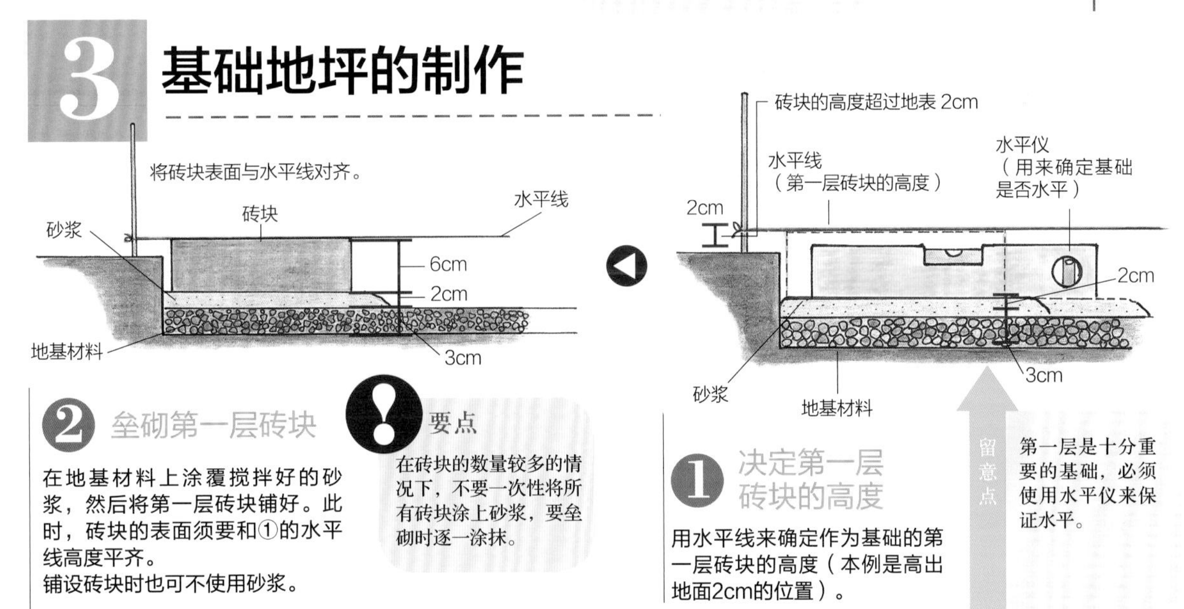

❷ 垒砌第一层砖块

在地基材料上涂覆搅拌好的砂浆，然后将第一层砖块铺好。此时，砖块的表面须要和①的水平线高度平齐。
铺设砖块时也可不使用砂浆。

要点

在砖块的数量较多的情况下，不要一次性将所有砖块涂上砂浆，要垒砌时逐一涂抹。

❶ 决定第一层砖块的高度

用水平线来确定作为基础的第一层砖块的高度（本例是高出地面2cm的位置）。

留意点

第一层是十分重要的基础，必须使用水平仪来保证水平。

4 完成

比地面高2cm的地基完成！

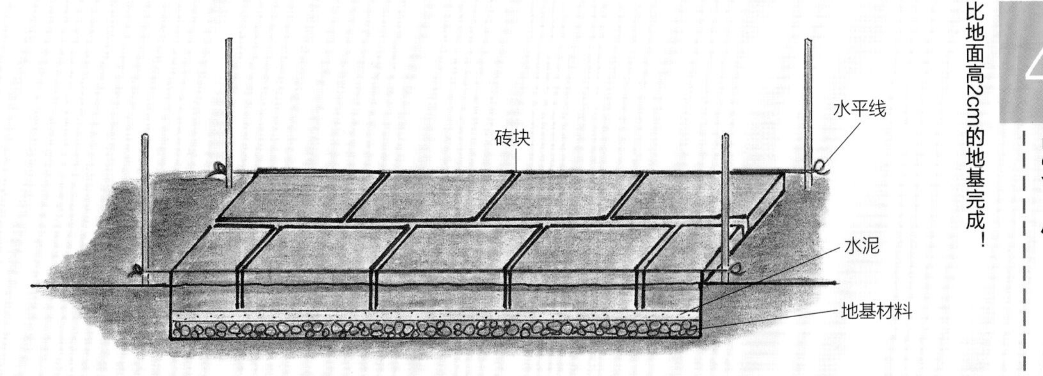

动手试做

砌砖作业的练习

~砖块的铺砌~

为了给花坛收边，要对砖块铺砌作业制作简单的隔断。这一作业可以不用砂浆，可以把它当作是水平的铺砌砖块的练习。

为花坛设置界限，能让庭院显得更加井井有条，也衬托得鲜花更加娇艳。这里介绍的是仅铺砌砖块的作业。由于不使用砂浆，所以将砖块稳妥固定是作业的关键。

❶ 决定好花坛的位置，并做好标记

首先要清理掉施工现场中不需要的材料和植物等。对要搭建的花坛位置做好标记，并测量尺寸。量好尺寸后可以算出砖块的数量。

❷ 在铺设砖块的位置使用楔子做好标记

在弯曲的部位打入楔子，掌握花坛的整体效果。

❸ 拉紧水平线，确定砖面的高度

确定砖块铺设的高度，铺砌时一面调整水平，一面拉紧水平线。

❹ 挖掘沟槽，排布砖块

在做有记号的地方，使用小铲子挖出沟槽，排布砖块。

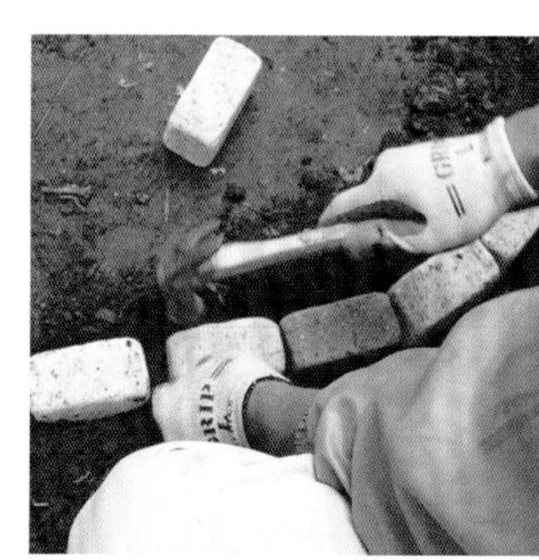

❺ 固定砖块的四周

为了固定铺设的砖块，要在砖块两侧填土，然后用棍棒等将土捣实（使用榔头等具有一定重量的物体可更容易将土压实）。

❻ 完成

在砖块固定好之后，用笤帚或刷子将污渍等打扫干净。

瓦工施工②

砖块铺面

砖块属于非常实用的造园素材。尺寸、材质和价格多种多样，可以根据自己的用途和预算来进行合理选择。

●砖块铺设的基本图案

放射状

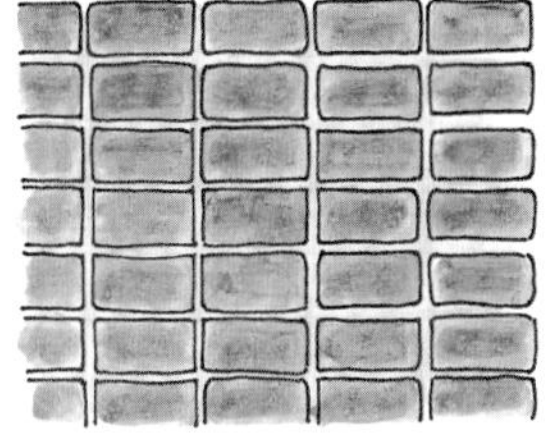
扑克牌状

风车状

砖块铺面的要点

由于砖块在制作过程中要经历火烧，因此尺寸上多少会存在差异。在制作灰缝或是搭建基础时，应当注意不要出现高低不平的现象。

工字形

竹篮编织状

人字形

●两种施工方法

根据施工场地和空间大小、用途，施工分为不使用砂浆的砂石填缝法与使用砂浆的砂浆填缝法。

□砂石填缝法：在搭建基础的时候不使用砂浆，使用砂石进行填缝，原本的地貌很容易复原，施工短时间就可完成。

□砂浆填缝法：从搭建基础开始就使用砂浆，填缝时既可以使用普通的砂浆，有时也使用由沙子与水泥混合成的干拌砂浆。

砖块铺设的基本图案

在砖块的铺设方法上没有特别固定的形式，但是有几种图案一直比较流行。参考左侧插图和照片，在铺设时根据环境可选择两种图案混搭，也可以选择一种基本图案完成富有个性的作品。

花园水槽踏脚处铺砌作业

如果取水处的踏脚位置存在浮土，则容易弄脏鞋底，也会在走动时将周边弄脏。可用砂石填缝的方法来铺砌踏脚处的砖块，简便易行。

施工流程

1. 施工场地的准备
2. 砖块铺砌
3. 完成

使用的工具

- 测量相关：卷尺、水平仪、水平线
- 施工工具：铲子、手铲
- 扫除工具：刷子

砌砖所需的材料

- 砖块、河沙

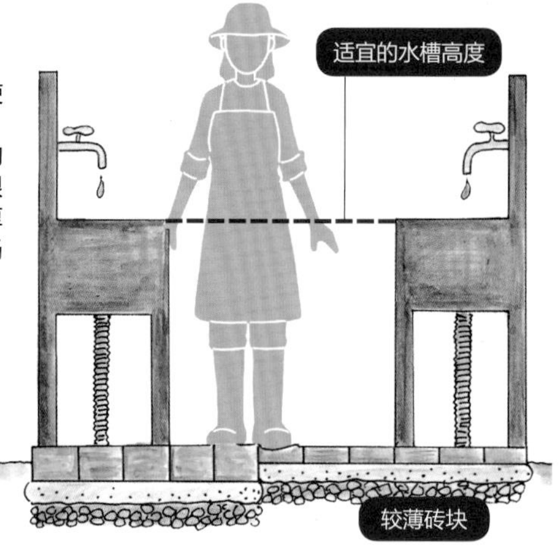

水槽的上部和使用者的腰同高，画出基础表面的位置。要注意根据使用的砖块厚度来调整施工场地整平时的深度。

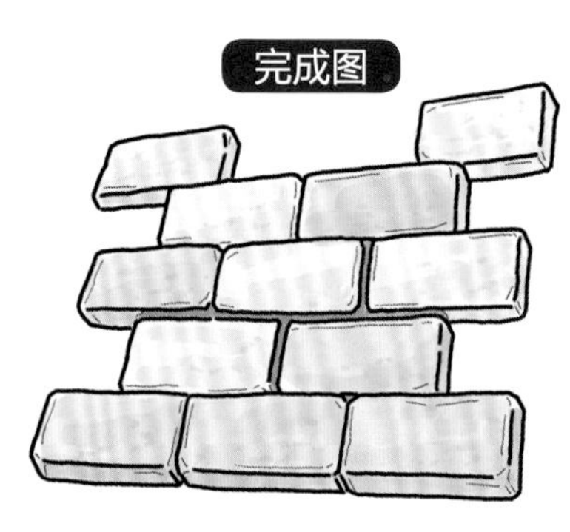

1 施工场地的准备

❶ 施工场地的地面整平作业

砖块铺设地点在挖掘时尽量保证深度一致（达到整体削平的感觉），挖掘的深度应该为砖头的厚度+地基材料铺设厚度+砂石的厚度。

专业人士的建议

如果从基础施工时就用到砂浆，水无处排放就会产生积水。一定要注意排水的流向，不要忘记留出坡度。

●**花园水槽踏脚处**

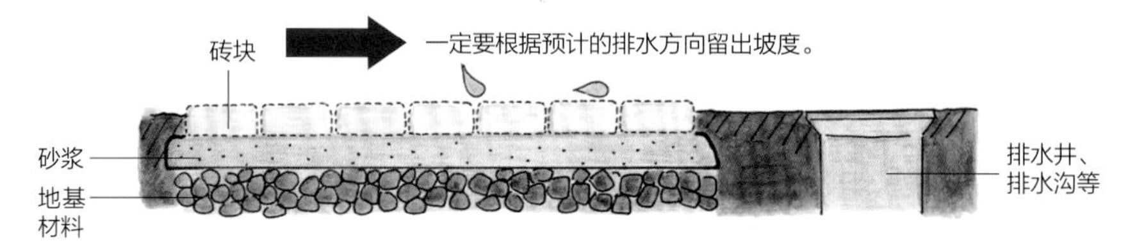

② 施工场地的地基制作

用铲子铲起河沙，在已经完成表面整平的地面上平铺（本例中铺设的砖块数量很少，铺设场所的地面也很硬，因此不使用路基材料，只使用砂石）。

③ 将表面抹平

把河沙整理平顺，表面抹平。此时，确定是否为预定的深度，用沙子做微调。

2 砖块铺砌

① 砖块铺砌

从角落开始，保持水平，依序铺设砖块。

要点

在地基处使用河沙时，要比土和沙砾更容易整平，但是费用很高。狭窄的场所中，沙子更容易施工。

② 收尾处理

在砖块的接缝处填入沙土，固定砖块，避免其移动。另外，可以使用橡胶锤或者铲柄轻敲调整，消除铺砖面上的凹凸不平（凹凸不平的地方容易出现积水和积累杂物）。

3 完成

用笤帚、海绵等清洁砖块表面的污物，完成。

瓦工施工③

砖块垒砌

通过垒砌砖块来打造富有立体感的空间。这是一项需要精工细作、高度集中的工作，完成时会非常有成就感。

垒砌砖块的要点

垒砌砖块的工作与铺设砖块的作业相比，需要更多的瓦工作业。由于对技术水平要求比较高，因此计划时要留有余量，基础搭建要周密，并熟练掌握垂直垒砌的作业技能。

●基础搭建要周密

垒砌砖块时，如果发生倾斜或者倒塌，将十分危险。砖块要精确地、保持水平地逐层垒砌。

●保证与地面垂直

为了保证垒砌砖块不发生倾斜，要注意垂直地垒砌。砂浆涂抹过多也会导致水平偏离，要多加注意。

●交错垒砌，将砖缝错位

相互交错地垒砌砖块，既能使视觉效果更美观，又可以增加强度。

●砖块的基本垒砌方法

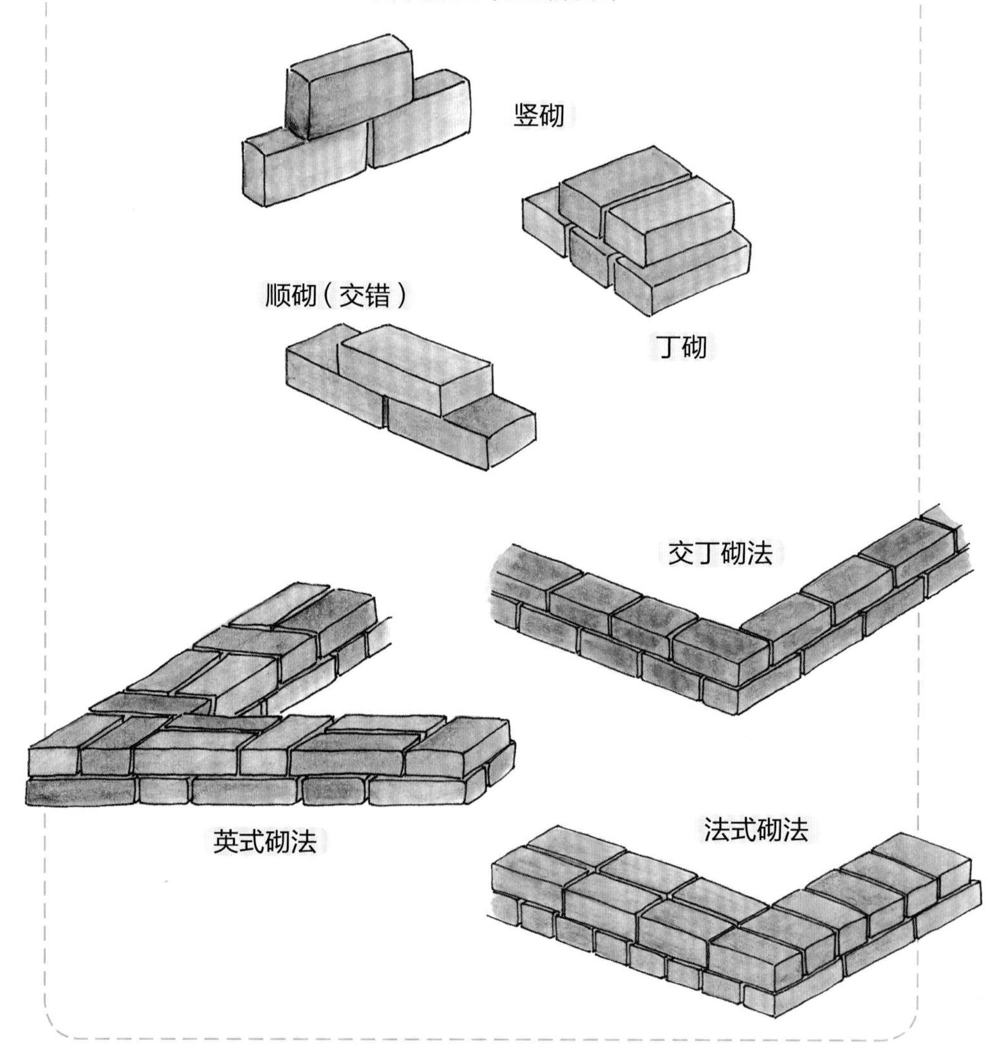

施工例

使用砖块砌筑墙面

本例介绍砖砌墙面用作空间隔断。在砌筑较为低矮的墙面时使用普通的砖块，砌筑较高的墙面时使用中空的砖块，砌筑时在中空部穿入钢筋。

施工流程

1 施工前的准备
2 涂覆砂浆
3 填补竖直方向的缝隙
4 叠砌砖块
5 砂浆填缝、收尾
6 现场清洁
7 完工

使用的工具
- ●尺寸测量：卷尺、曲尺、水平仪、水平线
- ●砂浆配制：铲子、手铲、水桶或者拌浆桶
- ●作业工具：勾缝抹泥刀、桃形抹泥刀、搓沙板
- ●清扫工具：刷子、海绵

使用的材料
- ●砖块、河沙、水泥

完成图

便利小绝招

铁丝制成的小工具，方便根据砖块高度来调整水平线的位置。

1 施工前的准备（基础施工完工）

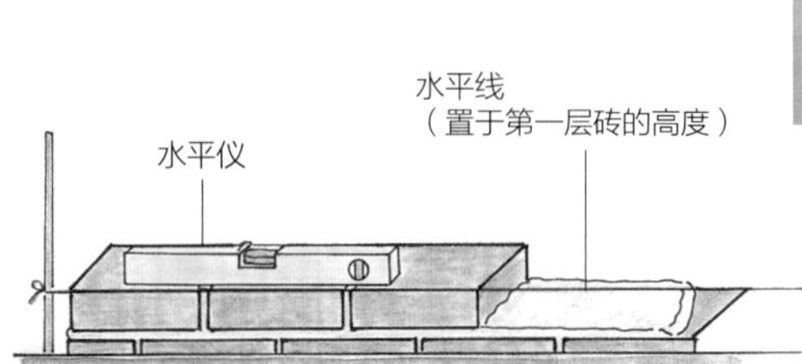

❶ 铺设第一层

将砖块按照水平线铺设好，确定是否水平。

❷ 确定水平

沿着砖面拉紧水平线，并使用水平仪来确定水平位置。

❸ 搅拌填缝抹泥刀

将水泥与河沙混合（水泥1：河沙2）均匀后加水进行搅拌（搅拌至与人的耳垂硬度相当）。

2 涂抹砂浆

❶ 在铺砌砖块的位置涂抹砂浆

首先在2个砖块要叠砌的位置涂抹砂浆。如果使用普通的砖块（未开沟槽），则无需在整个结合面涂抹砂浆。

❷ 叠砌砖块

为了让砂浆和砖块更好的粘接，在叠砌砖块的时候可以轻轻用力按压。

●砖块上涂抹砂浆的截面图

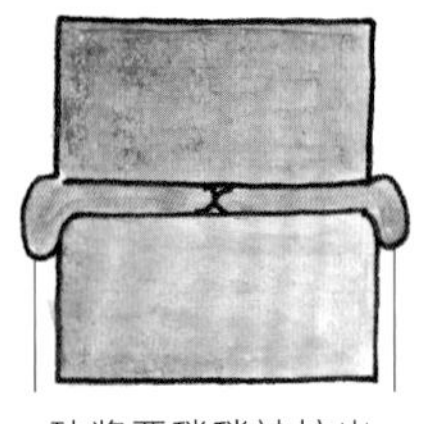

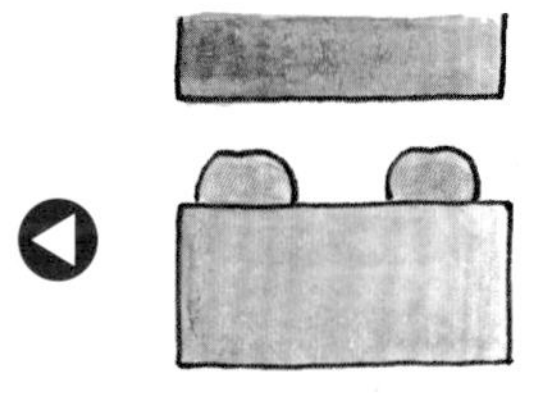

砂浆要稍稍被挤出砖面为宜。

将砂浆分2个圆筒状涂抹在砖面上。

将砂浆分2条进行涂抹比在中央涂抹一条的方法更容易保持水平和稳定。

3 处理竖直方向的填缝（事先定好接缝的宽度）

❶ 在砖块一侧的边缘涂抹砂浆

用抹泥刀在砖块一侧的边缘1/4处涂抹砂浆。

❷ 在另一侧的边缘涂抹砂浆

在另一侧涂抹与对侧同量的砂浆。（参照图示）

❸ 叠砌砖块

根据接缝的宽度，叠砌砖块。事先将被挤出的砂浆刮除，会提高作业效率。

4 叠砌砖块

❶ 叠砌砖块

重复基本的操作，逐层叠砌砖块。

要点

叠砌砖块时要先对齐两端，如果砌砖时有水平线做参考，则也可省去用水平仪校准，施工会更有效率。

❷ 施工过程中进行微调

在砂浆厚度不均造成砖面距离水平线高度不平时，可使用抹泥刀的手柄部分敲击砖面，同时挤压调整高度。

❸ 除去多余的砂浆

对于被挤压出来的多余砂浆，趁其没有变干之前使用抹泥刀或其他工具刮除。

留意点！

叠砌砖块30分钟以内，砂浆会变为半干状态，此时容易刮除，但如果时间过长则会凝固变硬，很难除去。

5 对接缝处进行收尾处理

❶ 除去被挤出的砂浆

使用抹泥刀将被挤出来的砂浆除去。

❷ 压实水平接缝

使用抹泥刀压实水平接缝。

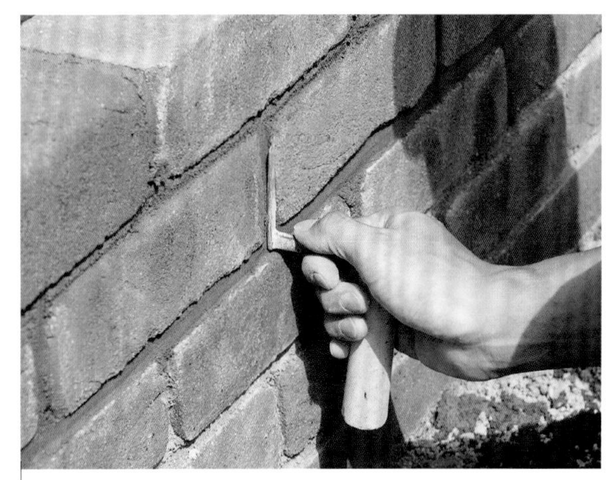

❸ 压实竖直接缝

按照同样的方法，压实竖直的接缝。

❹ 压实顶部接缝

将砖块上表面处的接缝压实。

6 清理砖面，完成施工

❶ 使用刷子进行清理

用毛刷将砖块上黏附的砂浆除去干净。

留意点！

如果砖层还没有完全固定时就用水冲洗，可能会造成砂浆剥离，因此最好使用海绵蘸水进行清洁。

❷ 利用海绵清洁砖面

用海绵蘸水，擦拭砖块表面，将多余的砂浆除去。

7 完成

使用砖块砌筑拱门

在此简单介绍搭建拱门的实例。拱门可以用作庭院的装饰、灯台、给水栓等。非常值得动手尝试一下。

施工流程

1. 施工前准备
2. 砌筑中心部分
3. 确定拱门部位的大小
4. 切割砖块
5. 叠砌拱门部位
6. 砌筑外框部分的装饰砖
7. 砌筑圆拱部分的装饰砖
8. 收尾工作
9. 完成

完成图

使用的工具

- 尺寸测量：卷尺、曲尺、水平仪、墨线
- 砂浆配制：铲子、手铲、水桶或者拌浆桶
- 作业工具：勾缝抹泥刀、桃形抹泥刀、搓沙板
- 清扫工具：刷子、海绵

使用的材料

- 砖块、河沙、水泥、路基材料

1 施工前准备（基础施工完工）

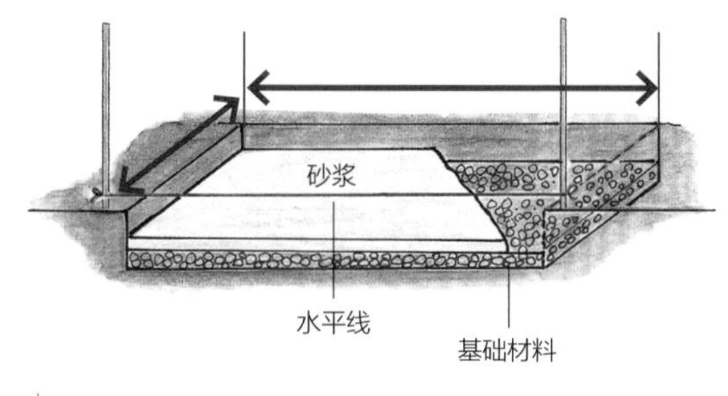

❶ 在拱门的设置位置搭建基础

根据要搭建拱门的宽度挖掘地沟，铺上基础材料，铺平后压实，然后用砂浆补填。

❷ 铺砌第一层砖块

在砂浆层上铺砌预先经过水浸泡的砖块。铺砌时接缝处要留出间隙，砖层调整水平后用砂浆填缝。

搭建基础时，要使用水平仪切实调整水平。

❸ 用砖块铺设基础，同时进行微调

铺设基础平台部分的砖块时可以用手铲的柄轻轻叩击调整水平。

2 砌筑中心部分

❶ 砌筑中心部分

因为砂浆容易干燥，所以一次只涂抹1~2块砖块使用的分量。

要点

如果砌筑的物体较大，则可以使用水平线来校核水平。对于小物体，使用水平仪就可以了。

❷ 叠砌砖块

在砂浆变干之前叠砌砖块，使其与砂浆相互粘接。从美观和稳定的角度，可以将砖块错开一半进行叠砌，这样可使接缝错开，并且更加美观。

3 确定拱门部位的大小

要点

可以用颜色铅笔等在砖块上做记号。

❶ 将砖块进行试摆放，标记拱门部位的轮廓

当砌筑的墙面完工大约一半时，为了观察真实的高度，可以将剩余砖块试摆放。然后，在试摆放的砖块上标出拱门部位的轮廓。

4 切割砖块

❶ 对拱门部位的砖块进行切割

对标记了拱门轮廓的砖块进行切割。

5 叠砌拱门部位

❶ 叠砌砖块

将切割好的砖块进行叠砌，完成中心部分的砌筑。

❷ 处理凹凸不平的部位

使用砂浆将拱门部的凹凸不平的部位补平，可让后面粘贴装饰砖的作业变得更加轻松。

6 砌筑外框部分的装饰砖

❶ 在中心部分的两侧叠砌砖块

在已经搭建完成的中心部分的两侧，叠砌装饰砖块。

❷ 完成直线部分

对中心部分两侧的直线部分同时施工，一直叠砌到圆拱部分。

专业人士的建议

为了让曲线部分更加美观，关键是保证砖块之间的缝隙均匀。在叠砌曲线部分时，不要从某一侧开始，而是左右两侧交互进行，同时对缝隙宽度进行调整。

❸ 勾填接缝

填缝时不断调整平衡，让接缝间隙保持均匀。

7 砌筑圆拱部分的装饰砖

❶ 涂抹砂浆

左右两侧交互砌筑，每次涂抹一块砖用量的砂浆。

❷ 叠砌砖块

在砂浆变干之前叠砌砖块。

8 收尾工作

❶ 将表面涂抹平整

使用手铲将表面涂抹平整。

❷ 去除多余的砂浆

将中央部分和装饰部分被挤压出的砂浆清除，并仔细按压接缝部位。

砖块上一旦有砂浆等附着，在夏天砂浆会很快干燥，造成污渍无法去除。白色的砖块还容易留下水渍。

❸ 用笤帚将不要的砂浆清扫干净

用笤帚或者刷子将砂浆清扫干净。

❹ 擦拭表面的污迹

用浸湿的海绵擦拭砖块表面。

9 完成

动手试做

砖块的切割方法

有时候砖块的尺寸与叠砌的位置不相符合。这时候需要用切割机对砖块进行切割。

❶ 在切割位置做好标记

切割位置的标记不能只在砖块的某一面进行，而是要两面都做。

❷ 在切割位置开口

使用凿子垂直对准标记，用铁榔头轻轻敲击，依次在砖块的四个面上开出小口。

留意点！ 为了在切割的时候不出现裂缝，砖块不要直接放置于混凝土或者瓷砖之上，而是要垫上木板或者沙袋。

❸ 使用平凿进行切割

开出一定深度的口子之后，使用平凿对准开口，用力叩击平凿将砖块切开。

要点

用切割机时，先在砖块上切开口子，然后用铁榔头轻轻敲击就可以切断。

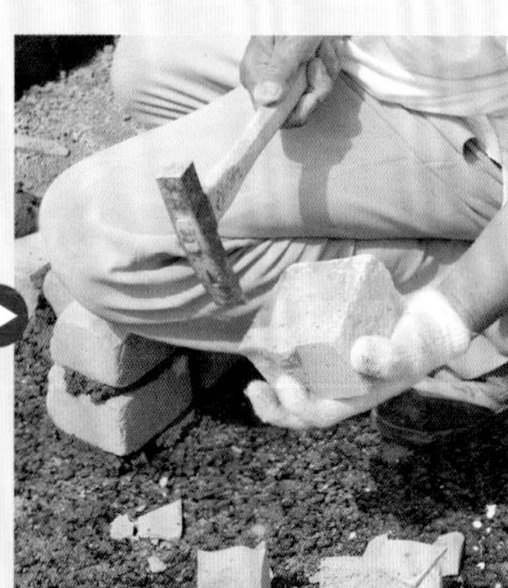

使用迷你砖块遮盖下水井盖

下水井盖在精心打造的庭院里显得格格不入。在此，我们可以将其隐藏起来，以便和周围花坛的风格统一。

下水井的外沿是用混凝土浇筑的，因此内部的井盖必须保持随时可以打开的状态。

施工流程

1 施工前准备
2 铺砌第1层
3 叠砌第2、3层
4 收尾处理
5 完成

完成图

使用的工具
- ●尺寸测量：卷尺、曲尺、水平仪、墨线
- ●砂浆配制：铲子、手铲、水桶或者拌浆桶
- ●作业工具：勾缝镘刀、桃形镘刀、平凿、搓沙板
- ●清扫工具：刷子、海绵

砌砖所需的材料
- ●迷你砖块、河沙、水泥

1 施工前准备

❶ 将砖块浸泡在水中

将砖块放入盛满水的盆中，一直浸泡到不会出现气泡为止。

❷ 清理施工现场

杂物会让砂浆的附着力变差，因此要先用刷子将铺砌砖块的排水井盖表面清理干净。

❸ 配制砂浆

将河沙与水泥混合（水泥1：河沙3）均匀后，加入水进行搅拌（搅拌到与人的耳垂的硬度相当）。

2 铺砌第1层

1 涂抹砂浆

在浸泡过的砖块上涂抹砂浆，然后用铲子轻轻将砂浆的表面按平，这样可以让砖块在砂浆上固定得更牢固。

2 铺砌砖块

在基础上涂抹粘贴2块砖分量的砂浆，然后在上面铺砌砖块。砖块依次铺砌完毕后将填缝处理好。这时要用水平仪来确认水平。

3 叠砌第2层、第3层

1 涂抹砂浆

在铺砌好的第一层砖块上涂抹砂浆，并用铲子按平。

2 叠砌砖块

叠砌砖块，在确定水平的同时，用铲子的握把轻轻叩击砖面，把砖块固定牢。

事先要将砖块充分浸泡。如果砖块不从里到外浸湿，则会吸收砂浆的水分，造成粘接不牢固。

4 收尾处理

1 去除多余的砂浆

利用铲子将多余的砂浆除去，并将填缝处理整齐。

2 处理填缝

利用刷子将粘附的多余砂浆除去，并用浸湿的海绵擦拭砖块表面。

5 完成

动手试做

填缝处的清理

砖块被日晒雨淋，长此以往污迹会变得越来越明显。虽然好处是会让砖块变得更有历史感和韵味，但填缝处砂浆的污迹会变得很醒目。此外，如果爬山虎等植物的根扎进填缝处，则会让污迹变得更加突出。所以要经常用刷子等进行清理。

清理前的状态

清理用的刷子

- 钢刷（左）：用于清理填缝处的污渍。如果用于清理砖块表面则容易造成划痕，需要注意。
- 鬃毛刷（右）：用于清理砖块表面的污渍。

❶ 清理砖块表面的污渍

用水将砖块表面润湿，用鬃毛刷将污渍除去。

❷ 除去填缝处的污渍

用钢刷将填缝处的污渍除去。

清理后的状态

❸ 用水冲洗砖面

用水冲洗砖块表面以及填缝处附着的污渍，大功告成。

动手试做

部分粘贴文化砖

文化砖看起来和砖块很像，但只需要粘接剂就可以简单地施工作业。在砖墙或者变脏的混凝土墙面上，像绘图一般粘贴文化砖，可达到焕然一新的效果。要使用多种颜色的文化砖构图，需要比较高的技巧，所以一开始最好使用相同色系的文化砖。

材料总览

- 文化砖
- 曲尺
- 水平仪
- 鬃毛刷
- 专用粘接剂
- 粘接剂刮板

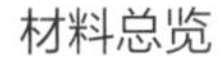

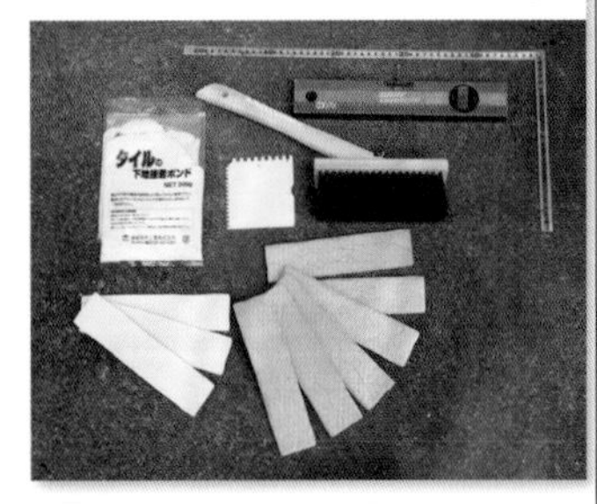

❶ 清理粘贴位置

污渍会让粘接剂的粘接效果变差，因此要先用刷子等清洁粘贴区域内的灰尘和污渍。

❷ 确定文化砖的粘贴位置

用曲尺量好基本框线，然后确定好所有文化砖的粘贴位置。

❸ 在粘贴位置涂抹粘接剂

在文化砖的粘贴位置涂抹专用粘接剂（胶）。使用刮板会让作业变得更轻松。

要点

如果粘接剂涂抹过多，则不容易固定文化砖，而且胶很难干燥，切勿过量。此外，要用刮板等将粘接剂均匀铺开，保持厚度一致。如果厚度不一，贴砖后表面会凹凸不平，影响美观。

❹ 粘贴文化砖

预先大致确定接缝的位置、颜色的搭配等，然后从基础线的区域开始依次进行粘贴。

❺ 完成

铺面施工的基础

利用石材与砖块铺面

将地面作为画布，使用砖块、沙子、瓷砖等美化铺面，营造出闲适的室外空间。

露台也因为铺面而显现出焕然一新的氛围。

铺面工程简介

铺面也就是“铺装”，是将砖块、瓷砖、混凝土、枕木、石材等用作铺面材料，对道路和庭院、露台等铺装，兼顾装饰效果。

裸土的道路在经过铺面之后，下雨时不会产生泥浆，而且也会大大减少杂草的生长。

●铺面的要点

（1）根据铺面的位置选择材料

利用碎石、枕木等进行精心铺面后的道路，其选材和造型会吸引漫步其中人们的视线。

对于主要用于聚餐和喝茶的露台等区域来说，如果在铺面时选择的材料过于繁杂，会显得和闲适的氛围格格不入。

●铺面的基础

让露台变得更简洁

露台主要是用作休闲的场所，与其进行精致的铺面，还不如选择少种类、大尺寸的瓷砖铺面。

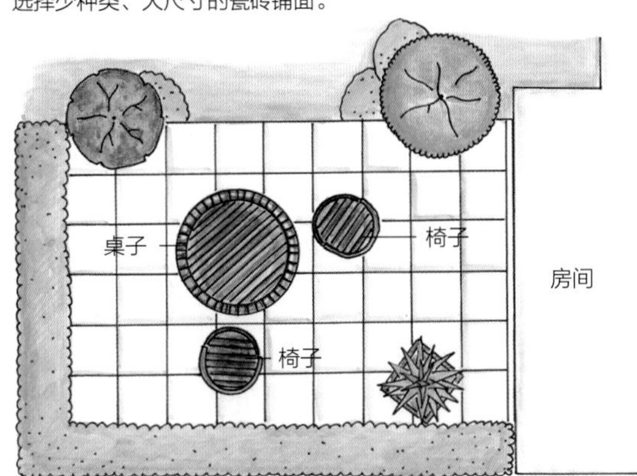

为道路增添动感

庭院道路使用图案和素材创造焦点，形成视觉上的动感。

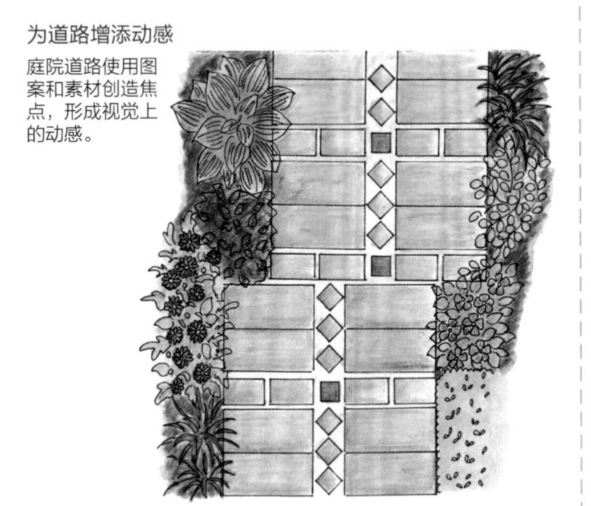

让植被周围的氛围更加自然

在植被的周围铺上碎石或木屑，营造自然而柔和的氛围。

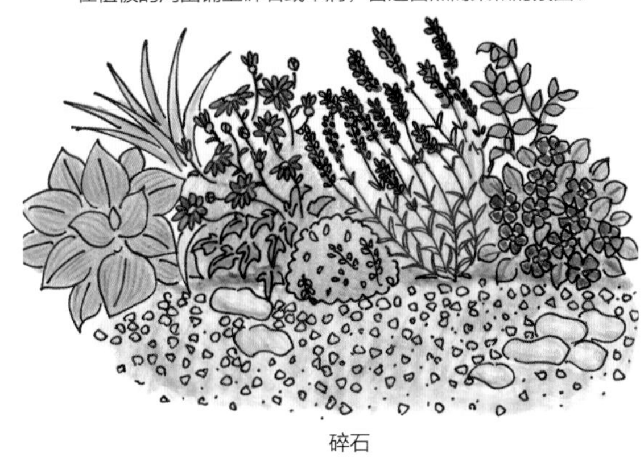

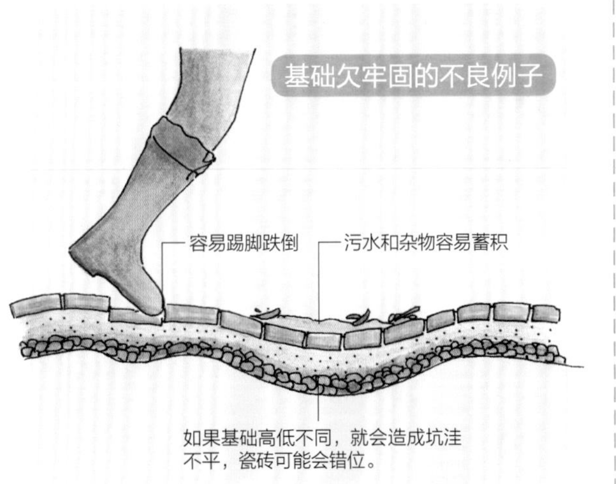

一般来说，虽然砖块和瓷砖铺面会在视觉上显得比较生硬，但同时也会带来稳定感。此外，碎石或木屑等铺面会营造出灵动的感觉。

如前所述，要根据铺面的位置和目的，选择相应的造型、材料种类、配色等。

（2）铺面状态取决于基础搭建的好坏

如果支撑铺面的基础不稳固，那么精心粘贴的瓷砖和文化砖会翘曲、坑洼、凹凸不平。

如果变成这样，不仅是美观上存在问题，也容易造成污水和垃圾蓄积，人们在其中行走的时候容易绊脚或摔倒，引发各种问题。

为了避免铺面材料的自重和外力（踩踏时候的力等）产生的影响，铺面表面保持水平，搭建稳固的基础至关重要。

铺面材料的种类与特征

铺面材料包含砖块、平板砖、自然石、枕木等。铺面材料要根据使用的位置、周围的氛围来选择。另外，有些材料被水打湿后容易打滑，有些材料不耐脏，等等。要根据使用的目的来进行选择。

乱形石

自然龟裂的仿自然石风格的乱形石材料像拼布一样粘接起来，还有像铁平石一样的日式风格的材料。

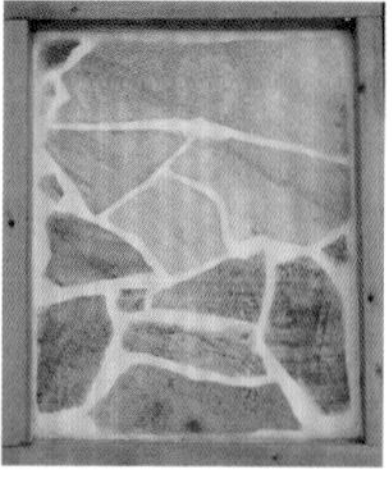
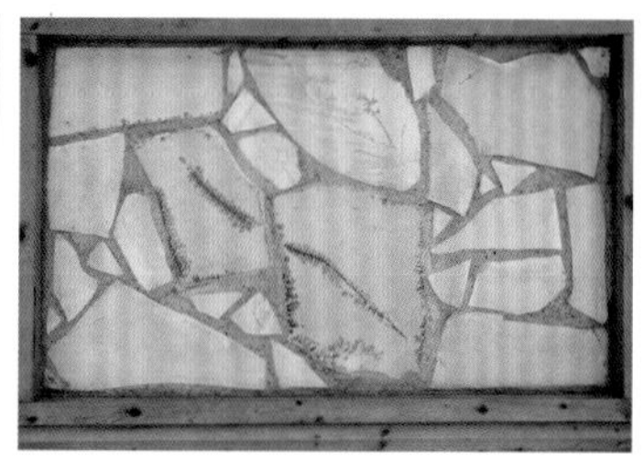

连锁砖

连锁砖是具有透水性、保水性功能的素材，分为水泥材质、陶瓷质和石块等。下雨时不易积水，而且砖块内部储存的水分可以在受到光照后吸收路面的热量。

花岗岩踏步石

用在日式的庭院中，铺设在地面作为踏步石，分为圆形和四边形。

花岗岩石块

可以制作各种造型的小块花岗石，用于铺设开阔空间效果会十分漂亮，但是施工中找平会很繁琐。

花岗石碎石

小颗粒的碎石，日式和西式庭院都适用。碎石为黄色系，能营造出明快的氛围。

细碎防盗碎石

行走在这种碎石上会发出沙沙的玻璃般的声音，可起到防盗的效果。

自然景石

各种具有视觉冲击的石材，具有很鲜明的特色，可以用作庭院造景的点缀。

防草碎石

利用5~12mm的小颗粒碎石铺面，可起到防治杂草的效果。

自然石块

淡雅的且给人柔和印象的石块，可用在花坛的收边以及铺面的装饰。

花岗石路缘石

用作路缘石的加工，属花岗石石材类别。

枕木

枕木是非常流行的铺面用材料。既有已使用过的枕木，也有全新的枕木，价格为两个极端。虽然枕木有耐久性，但毕竟属于木制品，在铺面的环境下，几年后有的材料会腐朽。还有混凝土材质的仿木制枕木。

旧枕木

厚度与长度上各有差别。旧枕木具有年代感，用于铺面可以和现有的植物与环境融为一体。

全新枕木

硬度很高。大部分新枕木都不使用防腐剂，如果需要防腐则最好涂抹防腐剂。

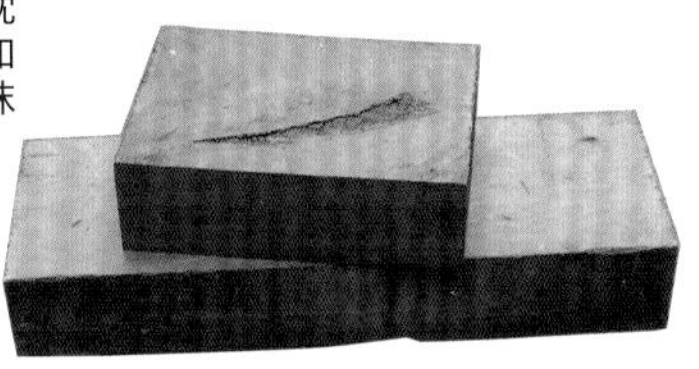

混凝土制枕木

外观和枕木相同。既不会腐朽，也没有防腐剂的气味。厚度小于普通的枕木，因此施工会很方便。

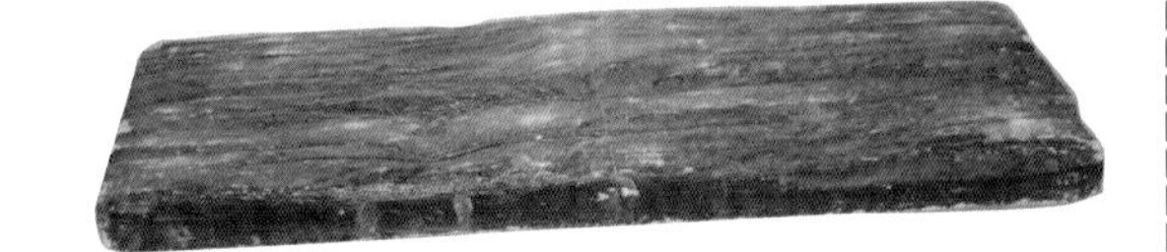

平板地砖

很常用的铺面材料。材质、外形和颜色多种多样，既可用作少量点缀，也可用于大面积铺装。

陶瓷地砖

素烧材质，会给人以自然的氛围。色调从白色系到茶色系多种。由于容易打滑所以尽量避免在有水的地方铺装。尺寸长300mm×宽300mm×厚20mm。

硅藻泥地砖

天然素材的风格，其中的色彩纹理会增添柔和的感觉。颜色以米色系为主。

预制拼花地砖

地砖的背面粘接有网格等，对于大面积的场所可以快速完成施工，铺装效果也很漂亮。尺寸、色彩种类很丰富。尺寸长600mm×宽350mm×高25mm（不同材质的地砖尺寸略有不同）。

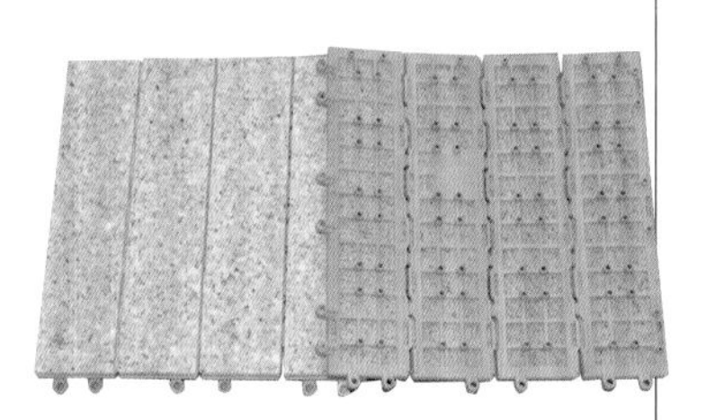

自然石

自然石包含装饰石、碎石，也有日式风格的卵石等。可以将不同大小的石材搭配，也可以与其他建筑物的风格搭配铺装，从而建造出令人赏心悦目的作品。

人工碎石

适合西式庭院风格的碎石。有蓝色系、粉色系、白色系和黄色系等。

铺面碎石

适合西式与日式庭院的粒石。用水润湿之后会显现出其原本的润泽。

烧制碎石

高温烧结的呈红色的碎石。排水性良好，还能抑制杂草，适合原生态风格庭院。

水磨石

经研磨后带光泽的碎石或卵石。具有很高档次，不但适合日式庭院，也能与混凝土素材相融合。

搭建烧烤炉

使用瓷砖与石板

瓷砖和石板是铺面工程中常用的素材。

这两种材料厚度不大，而且铺面时基础搭建也很轻松，容易调节水平，施工的时间也不会太长。

使用的工具
- 尺寸测量：卷尺、水平仪、墨线
- 砂浆配制：手铲、小铲、水桶或拌浆桶
- 施工工具：镘刀、平凿、搓沙板
- 清扫工具：刷子、海绵

使用的材料
- 砂浆、河沙、水泥、碎石、装饰用碎石

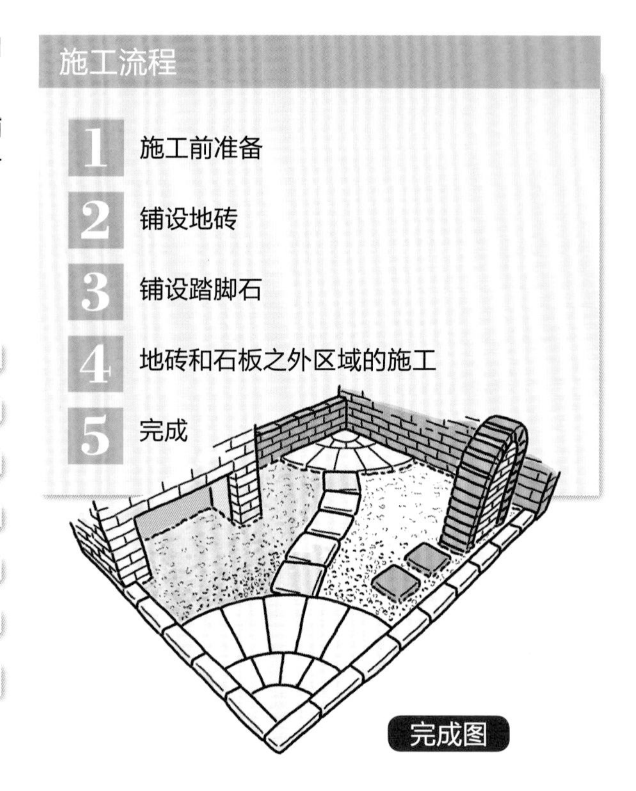

1 施工前准备（基础施工已完成）

❶ 在施工区域铺上河沙

在铺设瓷砖的区域铺上河沙作为基础层，按压表面使其固定。

如果需要将大面积的基础层表面压平，也可以先在沙子表面放上木板等平板物，然后在其上面按压，会事半功倍。

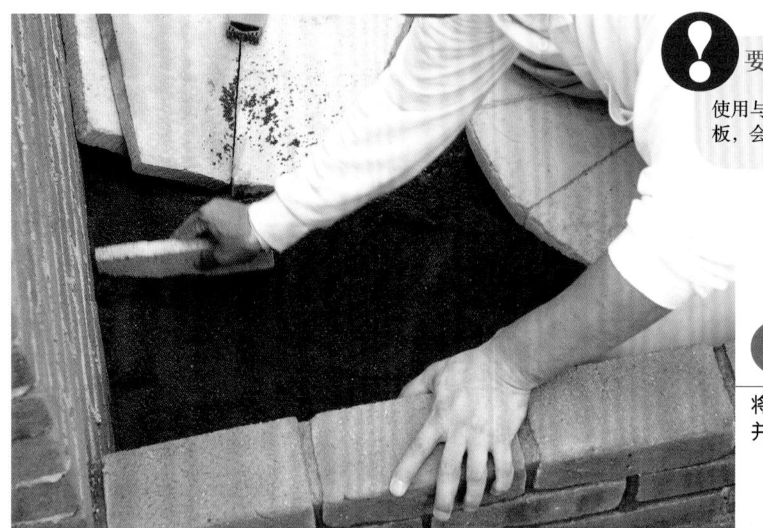

要点

使用与自己手掌大小相匹配的平板，会让施工更加便利。

❷ 整平地基

将基础的表面调整水平，并使其平坦。

2 铺设地砖

❶ 放样观察整体效果

地砖试着摆放到铺设区域。

❷ 铺设地砖

在河沙层上，水平且平坦地铺设地砖，并用木制的刀柄等轻轻叩击，再次调整水平。

❸ 铺设第2排地砖

除去多余的河沙并铺设地砖，同时还要调整水平。

铺设另一侧的地砖。

3 铺设踏脚石

❶ 铺设基础层沙层

在铺设完工的地砖两端设置水平线，调节水平，参照水平线铺设基础层沙层。

❷ 铺设用作踏脚石的地砖

在基础层沙层上铺上水泥，并设置好踏脚石地砖。水泥会让踏脚的地砖更易固定。

❸ 微调

调整水平的同时再进行微调。这时如果用铁锤等直接敲击地砖则有可能将其打碎，所以最好垫上木板等敲击。

4 地砖和石板之外区域的施工

❶ 铺设基础沙层

铺设大颗碎石作为基础层，整体填充沙子并整平表面。

❷ 铺设装饰碎石层

铺设装饰小颗碎石层，并整平表面。

❸ 铺设其他的装饰碎石层

铺设大颗粒的装饰碎石层，并整平表面。

❹ 调整装饰碎石层的表面

在另一片区域中，铺设颜色不同的装饰碎石层，并整平表面。

要点

在小颗装饰碎石层上铺设大颗粒的碎石，可让施工效果更加自然。

5 完成

动手试做

在日式庭院中铺设踏石

在日式庭院中，铺设踏石让行走更加便利。踏石的位置需要从庭院整体布局的平衡角度来确定。设置时，需要联想到平时行走的线路。

1 踏石铺设前准备

结合庭院的整体布局平衡，先预设踏石，确定设置位置，然后用手铲等挖掘沟槽。

2 设置踏石

踏石放置在沟槽中，用水平仪调节水平。

3 固定踏石

在踏石的周围填土，并用木棍等将土捣实，将石头固定。

4 栽种植物

在踏脚石周围均匀栽种麦冬草。

5 收尾处理

清除踏脚石表面的污渍，为麦冬草浇水。

6 完成

施工例

创作装饰石组

利用石材

山川等自然条件中的石头与其周围的环境融为一体，其风格时而险峻，时而优雅。我们也可以在自己的庭院中，再现岩石所表现出的氛围。这无论对日式庭院还是西式庭院来说，都会营造出全新的感官体验。要点在于对岩石进行细心观察，并采集那些最让自身愉悦的石材安放在庭院中，再根据植物和光照的变化来对石材进行组织搭配。

施工流程

1 现场整理（石材搬运）
2 安放石材
3 收尾处理
4 完成

完成图

使用的工具

- 施工工具：铁锹、铁棍、绳索、搬运木方
- 清扫工具：刷子

使用的材料

- 自然石

1 现场整理（石材搬运）

❶ 石材周边环境的清理

拔除石材周围的植物。此时，对那些打算移植的植物，在拔除的时候不要将根系切断。然后清理现场的垃圾等。

专业人士的建议

在作业过程中，如果贸然将石块或树根等去除，可能会让大石块倾覆或滚动。因此，作业中要集中注意力，以免手或脚被夹到石缝中。

❷ 准备移动石材

在石材下插入铁锹等。

❸ 设置搬运石材的工具

用铁棍支撑在石材下方（利用杠杆原理，在铁棍的下方放置支撑物）。

❹ 搬运石材

在石材下方用绳索进行捆绑，将石材抬起。

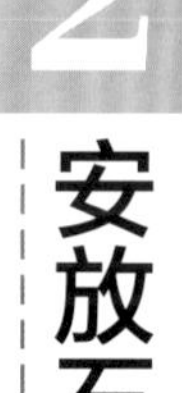

2 安放石材

❶ 石材摆放位置的准备

在摆放石材的位置，挖掘出稍稍大于石材的坑。坑的深度取决于石材的观赏面（正面和立面）。

❷ 摆放石材

用绳索将石材捆扎牢固，并用铁棍等坚硬的物体穿过绳索的套环部位，移动石材。

留意点！

对于体积大的石材，移动很困难，所以不要挖得太深。

●绳索的打结方法

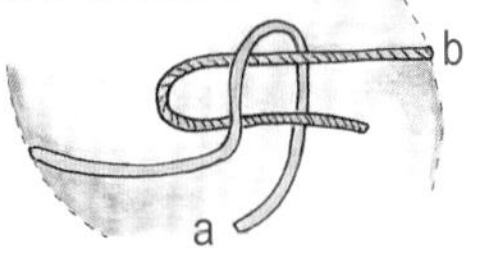

❶ 将绳子穿过石材下方，并将左右穿出的绳索缠绕在一起。

❷ 按照图示，利用a打出ⓐ的套环。

❸ 将ⓑ环和ⓐ环左右拉紧，做成蝴蝶结状。

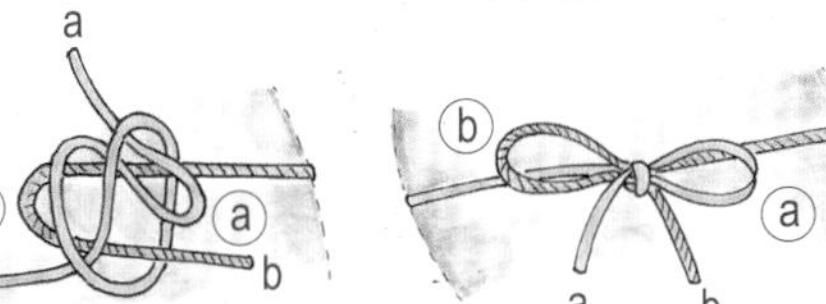

③ 将石材周围固定

石材安放后，在石材下方慢慢填土，让其摆放更加稳固。如果有必要，还可以填塞细小的石块等。

④ 固定石材

在石材周围填土，并踩踏压实，将石材固定。

⑤ 与其他的石材组合

根据周围的景色，还可以与其他的石材进行组合。

3 收尾处理

① 用水冲洗

用刷子打扫石材表面，除去泥土等污物，然后用水冲洗。

专业人士的建议

要根据其他作业的状况来决定是否需要用水进行作业。如果作业场所被水打湿，不仅会为作业带来不便，还会让工具、双手和工作鞋等黏上泥浆，因而弄脏其他地方，所以要注意。

4 完成

动手试做

铺设防草布，抑制杂草生长

最有效的除草方法是抑制杂草的生长。其手段包含铺设碎石、铺设防草布或者双管齐下。铺设防草布之后，再在其上铺设 5cm 左右厚度的碎石，施工简单，抑制杂草生长非常有效，十分推荐。防草布可以透水，但呈黑色，因此会抑制杂草的发芽和生长。

●只用碎石来抑制杂草的施工要点

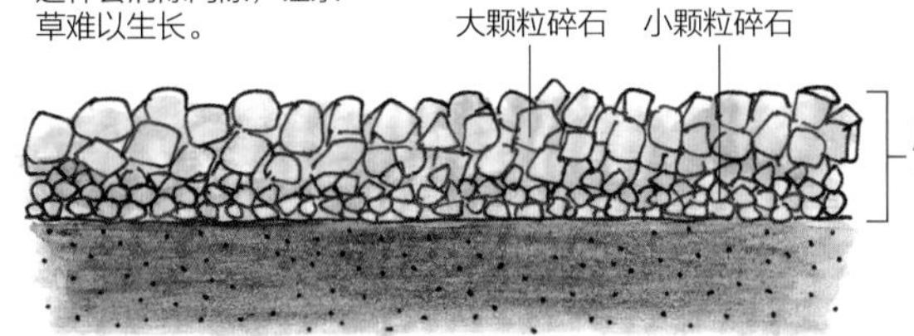

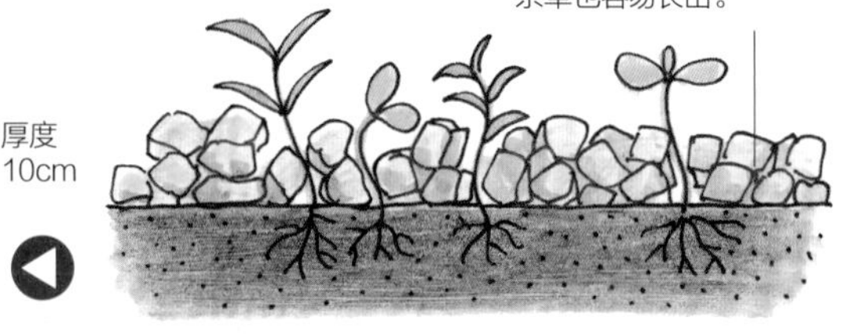

❶ 清理地面上的杂草和垃圾等。将土表留出少许斜面，以便于雨水流向排水沟等。

●考虑表面排水

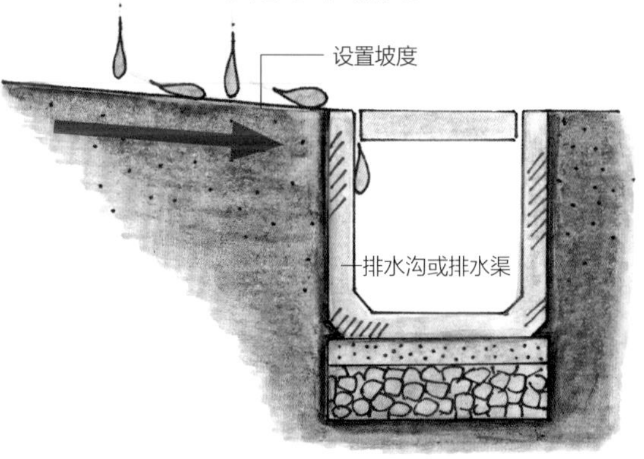

❷ 用重物压紧。如果场地表面凹凸不平，就容易出现积水而影响美观，因此要夯实整平。

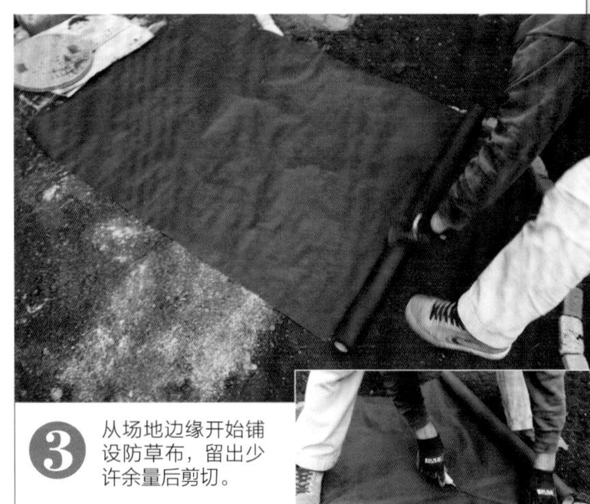

❸ 从场地边缘开始铺设防草布，留出少许余量后剪切。

④ 防草布铺设时必须保证10cm左右的重叠，并一定要拉紧。

⑤ 防草布的边缘要折叠整齐。

●防草布边缘的处理方法

△ 如果向上折叠，垃圾或泥土、碎石等则容易进入折叠处。

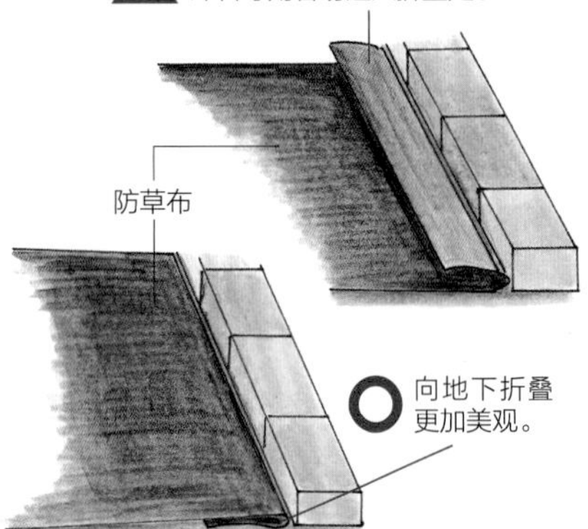

○ 向地下折叠更加美观。

⑥ 铺设完成。

动手试做

在庭院中铺设碎石

碎石包含适合西式和日式庭院的种类，尺寸大小也很丰富，如果与铺面材料一起使用，则可以烘托出更加温馨的氛围。在过去用铺设碎石来抑制杂草生长、防止下雨时泥浆飞溅，但因踩上去会沙沙作响，所以近年来也兼具防盗功能。因此，根据使用目的来决定碎石的铺设厚度。

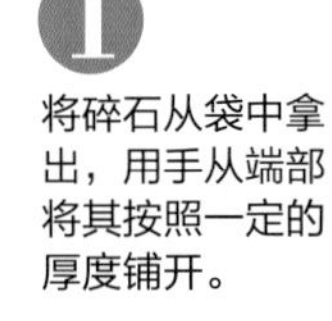

① 将碎石从袋中拿出，用手从端部将其按照一定的厚度铺开。

② 将装碎石的袋子分散放置在多个位置。在各个作业场所分袋放好碎石，会让作业更加顺利。

③ 为了避免花坛边缘露出缝隙，在铺设碎石时，要铺得比预定的更厚一些。此外，要用力按压，以免防草布的边缘翻出来。

④ 木格架和植物的周围都要填充碎石。室外机等的下部也不要忘记铺设碎石。

要根据铺设面积来决定碎石的购买数量。每袋碎石上标注有每平方米需要碎石的厚度和数量，购买时可以参考。

⑤ 完成

草坪施工①

铺设草坪

绿意盎然的草坪会让庭院更显明快和通透。
草坪造价低廉，无论是日式还是西式庭院都相得益彰。
种植草坪会让冬日充满暖意，在夏日带来清凉。

草坪庭院的特征

●防止沙尘飞散

草坪可以防止庭院内的浮土被风吹得四处飞散。

●防止泥泞

可防止霜降或者雨水造成的泥泞。

●提供安全的游乐场所

孩子们可以在庭院所安全地赤脚嬉戏奔跑，有助于预防危险。

草坪的种类与特征

草坪被分为"日式草坪"和"西洋草坪"两大类。日式草坪喜欢温暖，冬天会枯萎，因此也被称为"夏草坪"。日式草坪非常适应日本温暖湿润的气候，并且对病虫害也有很强的抗性，所以在普通家庭的庭院造景中很流行。

西洋草坪在冬天也能绿草如茵，因此被称为"冬草坪"，在高尔夫球场的绿地中很常见。

西洋草坪喜欢凉爽干燥的气候，因此在日本高温湿润的气候中容易发生病虫害。如果放任不管就会生长到1米高。草坪管理很繁琐，不适合普通家庭的庭院。

适合草坪的生长环境

草坪非常喜欢阳光。尤其是修剪后叶子变短的草坪只要保持每天5小时以上的日照，则会生长良好，一直保持健康美观的状态。

草坪保持良好生长的条件除了充足的日照之外，土质也是重要的因素。一般的草坪根系会延伸到地下30～60cm，也有延伸至深达1米以上的种类。

草坪的种类与特征

	生态学分类		生长适宜温度
日式草坪	夏季草	大叶：野芝 中叶：高丽芝 小叶：小型高丽芝 微型叶：绢芝	25~35℃
西洋草坪	冬季草	糠穗草 剪股颖 早熟禾类 高狐草类 多年生黑麦草类	13~20℃

草坪喜欢具有良好保水性的土壤，诸如天胡荽草草坪生长在过于湿润的土壤却不适合。而且沙质过多的土壤很容易干燥，会造成草坪生长不良。

保水力、保肥力和富含有机质团粒结构的土壤最为理想，能满足这些条件的土壤为黑土。

●草坪的种类

西洋草坪（冷季型草）

日式草坪（暖季型草）

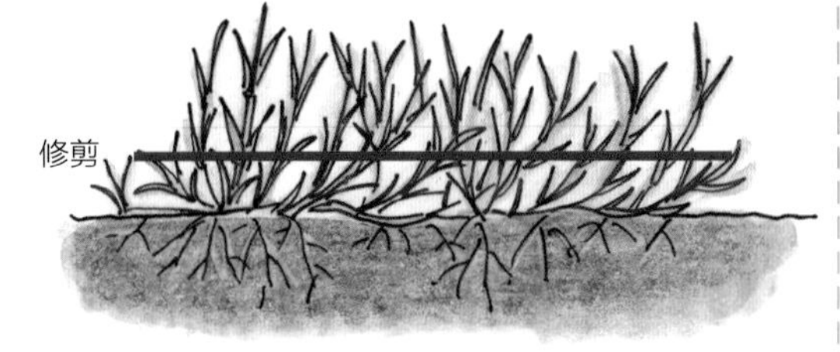

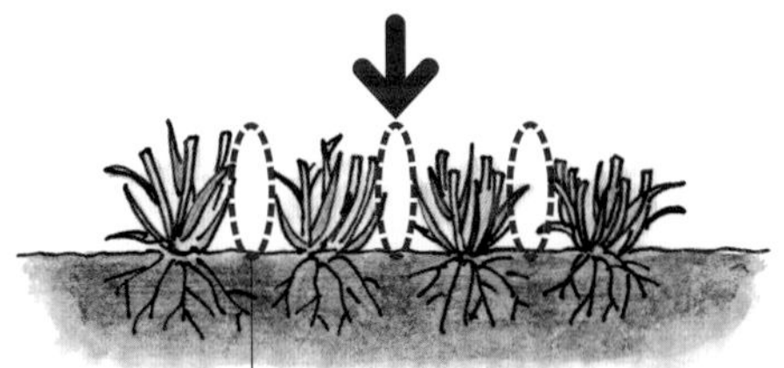

修剪后会出现间隙，能看到地面，看起来像开孔。

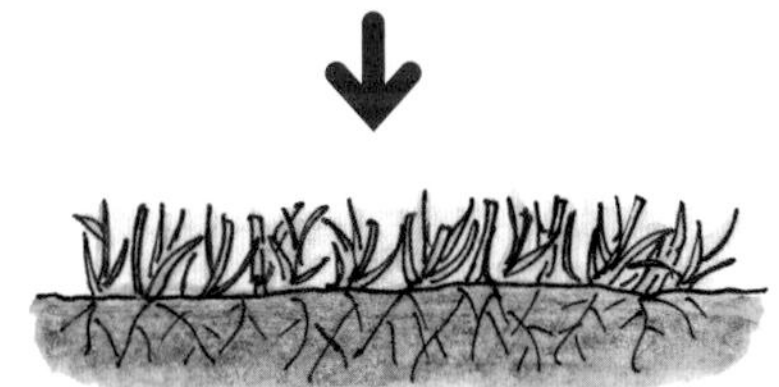

生长致密，即使修剪后也不会有土裸露。

生长停止温度	气候条件	土壤条件	耐寒性	耐热性	抗病性	繁殖方法
10℃以下	高温湿润	无特殊要求	弱（冬季休眠、枯萎）	强	强	草皮、草茎
1~7℃	温暖与适度干燥	沙质土壤	强	弱（不喜高温湿润）	弱	种子

施工例

铺设草坪（利用草皮）

利用草皮种植草坪。高丽芝等日本草会将草皮成捆进行出售。购买后如果不马上种植，将其以捆扎的状态放置则会造成叶片枯萎发黄，长势衰弱。因此要在即将种植的地方铺展开。

施工流程

1. 施工前准备
2. 准备客土（整地）
3. 铺植草皮（密铺法）
4. 收尾处理
5. 完成

使用的工具

- 耕作工具：铁锹、钉耙、木板
- 修饰工具：笤帚

使用的材料

- 草皮、石灰、土壤改良剂、黑土、肥料

完成图

●草皮的保存

成捆的草皮

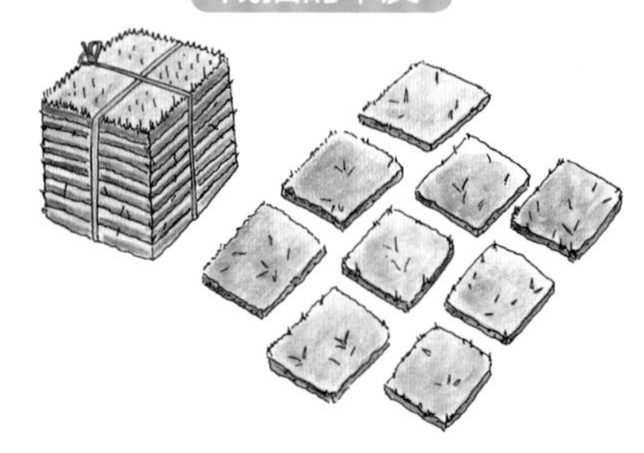

草皮被扎成捆后，叶子容易腐烂。购买后，要解开绳子，将草皮铺开。

●良好草坪与不良草坪

×

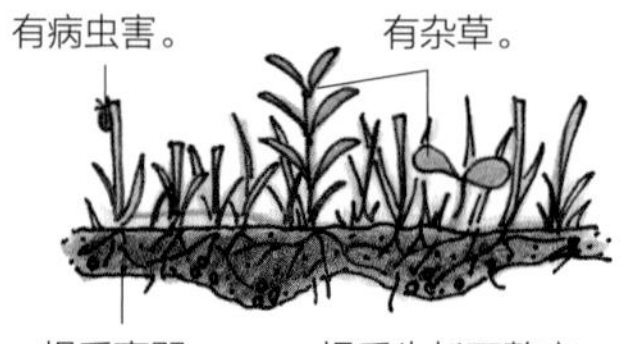

1 施工前准备

❶ 计算草皮的用量

计算铺植草坪的面积，并计算草皮的用量。

❷ 将铺植区域清理干净

拔除草坪铺植区域的杂草，并清理垃圾等。

2 准备客土（整地）

❶ 将土挖起，翻地

用铁锹将土挖起（50cm左右为宜），打散土块，去除里面的石子等杂物。

❷ 整地作业

将土壤暴晒几天，并将20cm左右厚度的石灰、土壤改良剂与土壤混合，用钉耙和木板将土表整平。作业时，用脚适度踩踏土表面，消除凹凸不平。

要点

如果整地仅能达到20cm左右，则要加入黑土来制作客土。

❸ 填充客土

填充黑土。土层厚度为5~10cm。

❹ 客土整平

用木板将黑土表面的高低不平消除，地面整平。

3 铺植草皮（密铺法）

❶ 放置草皮

从土地的边缘开始放置草皮。

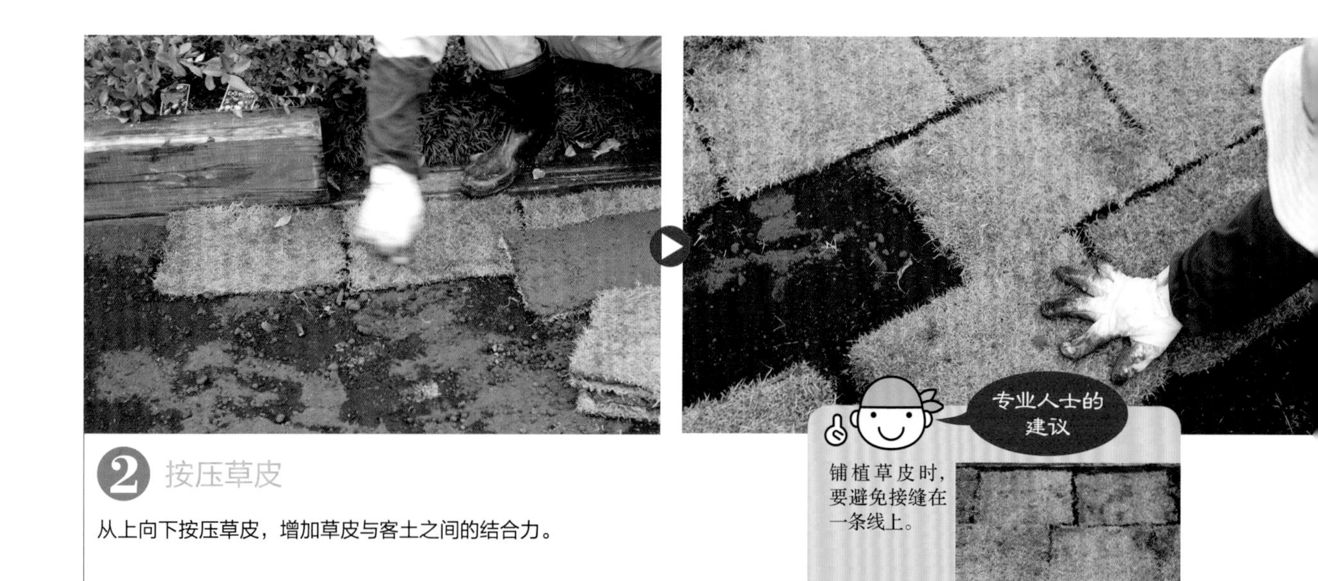

2 按压草皮

从上向下按压草皮，增加草皮与客土之间的结合力。

专业人士的建议

铺植草皮时，要避免接缝在一条线上。

3 边缘区域的处理

用剪刀去除多余的部分。

要点

铺设转角等不规则区域时，要根据铺设的大小剪切草皮，然后用拼接的方式铺设。

4 铺设完成

草皮铺设完工后的效果。

4 收尾处理

填缝补土

用与底土相同的土填补草皮之间的缝隙。

❷ 整平补土

用木板将补土铺开。补土的用量为可以遮盖草皮叶片一半为宜。

❸ 将补土填实

使用笤帚等将补土充分填入草皮的叶片和接缝之间。

留意点！

肥料应当均匀的撒在整个区域。

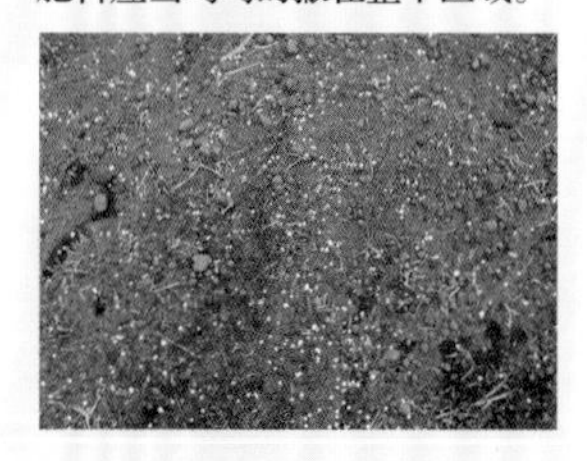

施肥

铺植草坪时施肥的用量为每平方米6~8克化肥。

浇水

充分浇水，保证补土填入草皮之间，露出草皮。

5 完成

●草皮的各种铺植方法

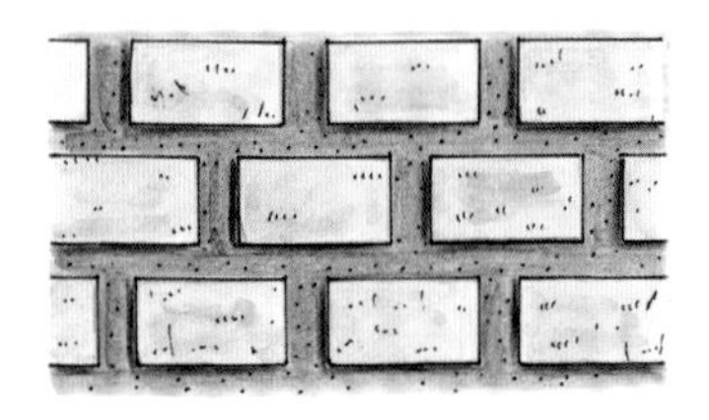

间隔铺植

草皮与草皮之间预先留有 1~2cm 的间隙，是最常用的方法。

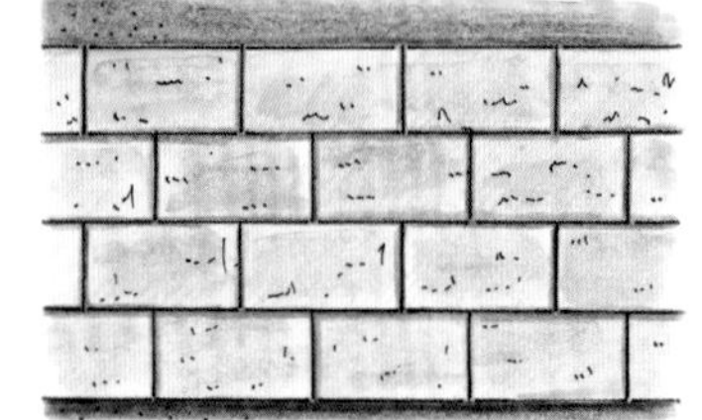

密铺植

铺植时，草皮之间几乎没有缝隙，草坪很快生长完成。如果缝隙很少，也就需要更多的草皮。

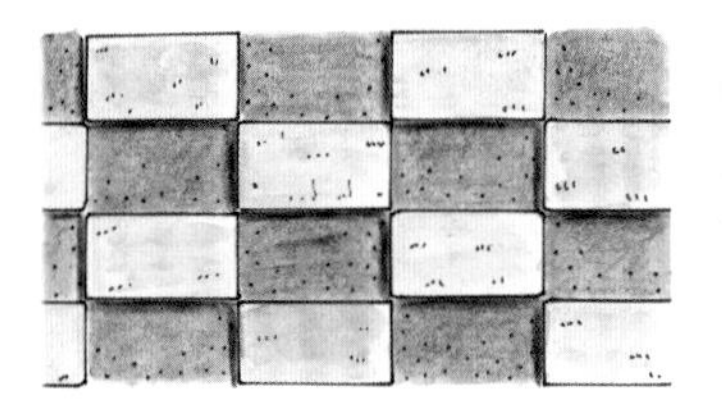

品字铺植

草皮布局呈品字形的铺植方法。空缺的空间较大，草皮用量比较少，但是草坪生长完成需要的时间更长。

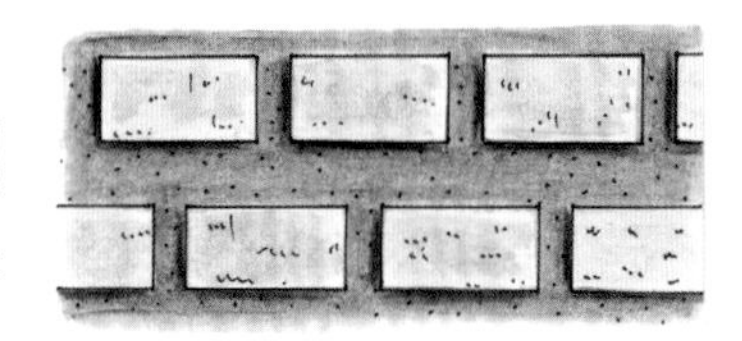

条状铺植

草皮之间的缝隙呈十字形。这种铺植方式容易造成雨水和灌溉水沿着缝隙流动，不利于草坪的生长。

动手试做

播撒草籽

园艺店中售卖西式草坪的草籽有多个种类。购买前向店员咨询，尽量选择适合庭院环境且容易管理的种子。不必选择单一种类，可以将多种草籽进行混合播撒。

1 将播种区域中30cm左右深度的土壤翻起来。此时要除掉土壤中的瓦砾和石子。西式草坪对排水性要求高，因此考虑混合具有排水性的土壤改良剂。

2 将土壤表面整平。如果土质较差，则可以填铺黑土后整平。

3 准备好西式草坪的草籽。

●均匀播种的方法

① 纵向播种。

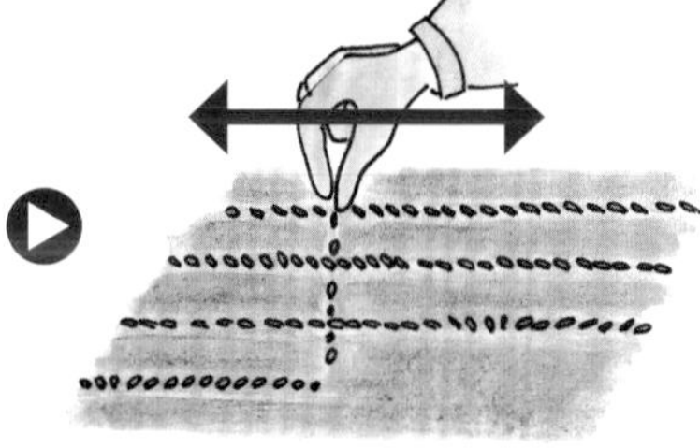

②横向播种。

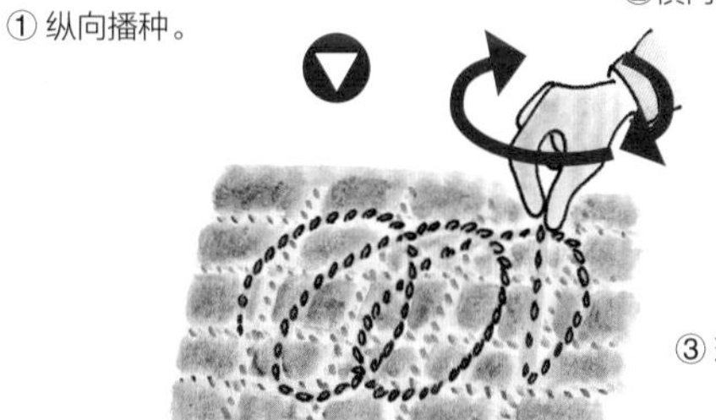

③ 环形播种。

4 草籽要均匀地播撒在一处区域中。

5 播撒完成。

6 播撒完成后用工具将土整平，让草籽与土壤结合。出现大风天气等，则可以盖上薄土防止草籽被吹散，但基本上没有必要。

7 充足浇水，让草籽和土壤充分接触。

草坪施工②

草坪的维护

为了让草坪维持更好的状态，首先要了解草坪喜好什么样的环境条件，并尽量创造与之相近的条件。

草坪维护的要点

如果日照条件良好、土壤保水性好，草坪的长势就会很好，但要想保持健康美观的状态，适当的维护很有必要。此外，即使光照条件好，但在有些环境下草坪的生长也会很困难。

对于这种环境，就有必要进行土壤改良或者变更草的种类，进行多种尝试。考虑到日本的气候，冬有严寒，夏有酷暑，草坪的维护管理更加困难。

因此，结合生长环境，在能够管理的范围内合理选择草坪的种类非常关键。

草坪维护主要包含以下作业。

●草坪修剪

要保持草坪的良好状态，需要优质的土壤、充分施肥才能保证草的良好长势，频繁修剪促生低矮的植株。如果草的长势不良，修剪不充分，则无法培育出美观的草坪。

草坪耐修剪，有很强的再生能力。修剪可以让草坪整体更好地接受光照，其观赏性也会更强。如果修剪过于频繁，草的叶片和茎会流失养分，因此需要通过施肥来补充养分。

●补土

草坪是通过根茎的延伸来进行繁殖的。所以在其根茎部盖上适量的土有助于草坪旺盛繁殖。这就是补土作业。

草坪的管理（全年作业日历）

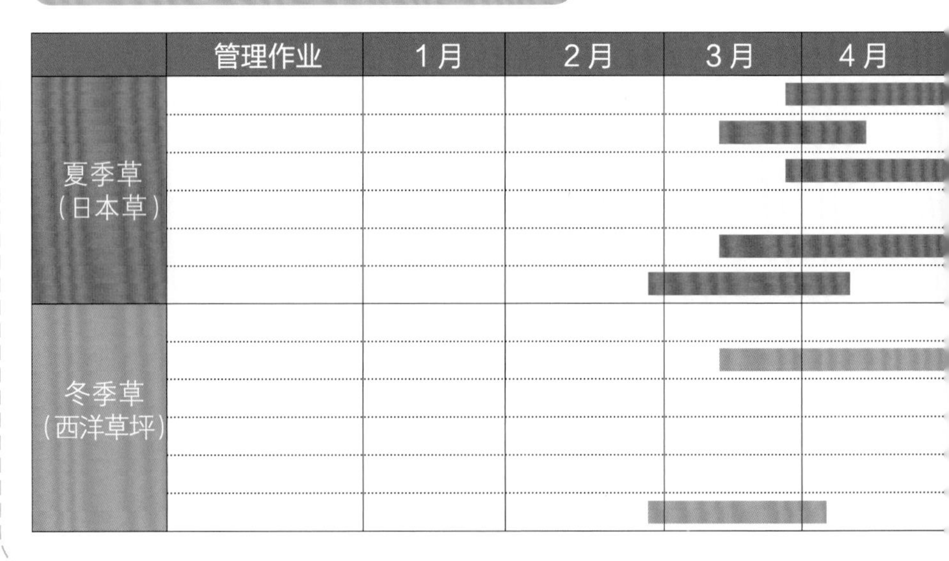

●**草坪打孔**

如果草坪的根系过于发达，或者人为踩踏导致土壤板结，从而导致土壤透气性变差，造成草坪生长不良。

为防止长势变弱，需要进行打孔作业（在土壤中打洞），来增加土壤的透气性。

●**浇水**

高丽芝等夏季草具有一定的耐旱性，除了在天气持续放晴或极端干燥的情况之外，一般不需要浇水。

但西洋草坪等冬季草不耐旱，因此需要频繁浇水。

●**其他——施肥、补植**

施肥可以促进草坪生长，增强其对病虫害的抵抗力，并改良土壤，保持肥力。补植是对那些被踩踏或者天气不良、病虫害等造成的生长状态不良的草坪，除掉其不好的部分再进行修补的作业。补植分为通过周围草皮生长来补全和补植新草皮等方法。

5月	6月	7月	8月	9月	10月	11月	12月

实例 草坪的修剪方法

草坪的修剪是维持庭院草坪美观状态的重要作业。通过修剪，储存的养分传递到修剪植株、匍匐茎、嫩叶等，起到促进草坪生长和繁殖的效果。此外，修剪还能改善通风和日照条件，并能抑制杂草和病虫害。当草坪生长到 5cm 左右，便应该修剪至 2~3cm。

❶ 从草坪的外围开始修剪。

要点

生长过高的草坪的生长点位置比较高。如果修剪过度则会将生长点剪除，因此要通过循序渐进地修剪来调整高度。

❷ 修剪草坪内部。此时注意不要有遗漏部分。

❸ 地砖附近的草坪虽然也可用割草机来修剪，但如果不熟练则无法操作，所以细微处要使用剪刀来修剪。作业时，刀刃要与草坪表面平行，否则会造成草坪表面凹凸不平。

❹ 剪切下来的草屑、杂草，用笤帚打扫清除。如果草屑遗留，则可能会滋生病虫害。

实例 草坪打孔

打孔作业可以改善土壤的透气性，促进根茎的呼吸。此外，还能提高透水性，起到促进土壤中微生物的分解作用，有助于防止草坪的老化和促进再生。每隔 2~3 月应该进行一次打孔。

❶ 与草坪垂直的方向插入打孔器。打孔深度为距离地面 5~10cm。如果草坪面积较小，则可使用打孔器等工具。

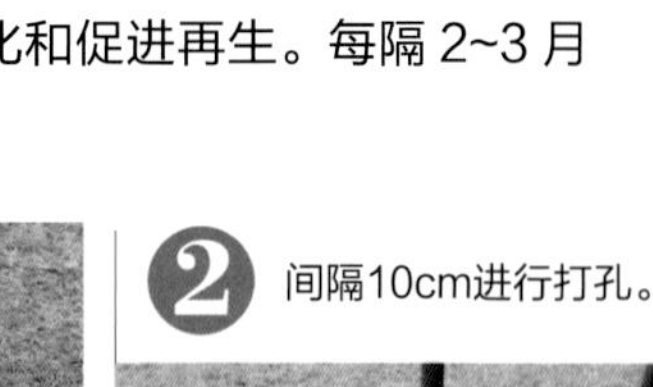

❷ 间隔10cm进行打孔。

在草坪旺盛生长时期，补土有利于保护裸露的根茎，并促进堆积的草屑等分解。此外，还可以修正草坪的凹凸不平。补土使用与底土相同的土壤，厚度在 0.5~1cm。

❶ 将黑土堆放在草坪上。如果草坪面积较大，则可以分多处堆放，方便作业。

❷ 用钉耙等将黑土平坦地铺开，让其沉积到草叶的空隙下。

❸ 在铺开补土时，不要在上面踩踏。

❹ 补土完成后的状态。

草坪的施肥方法

肥料以氮磷钾均衡的化肥为宜。

❶ 在水桶或者簸箕内装入足量的肥料，均匀的撒在土面上。每次每平方米施肥30~60克，不要弄湿草叶，最好在修剪后施肥。

❷ 施肥后要浇透水。

补土和施肥之后的浇水，要能让补土和肥料渗透到草坪的根部。

草坪的补植

要等待生长不良区域周边的草皮延伸生长进行补植，有些季节需要较长时间。使用草皮补植的方法能保证成活率，草坪的恢复也能更快。

❶ 生长不良的草坪部分翻起30cm左右的土块。

❷ 清除根系和垃圾。

❸ 表面整平。此时，如果土壤状态不佳（缺乏有机质），则填铺黑土。

❹ 从边缘开始铺设草皮，与现有草坪对齐。铺设时不要留下缝隙。

❺ 边缘部分要留出大于1cm的余量，然后切割。

❻ 按压补植的草皮，使其与底土紧密结合。

❼ 在补植的草皮上填铺补土（黑土）。

❽ 补土平均铺开，盖住茎的一半左右。

❾ 填铺补土完成。

专业人士的建议

补土以保水性好的山泥或黑土为佳。河沙透水性太强，不宜使用。

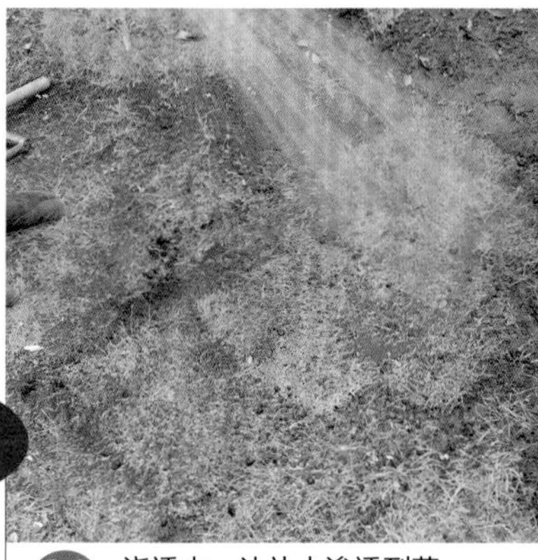

❿ 浇透水，让补土渗透到草皮的间隙中。

草坪的病虫害

即使平时对草坪精心管理，草坪有时也会不知不觉中感染病虫害。在病灶扩大之前，合理判断并采取相应措施至关重要。

首先，要根据感染情况判断草坪是病害还是虫害，然后调查是何种病害或者何种虫害。最后根据调查结果来决定使用何种药剂。

在使用药剂时，一定要遵守药品标签上记载的注意事项。喷洒药剂要选择早晨或者傍晚光照不强、无风的时候。

草坪的病害与对策

草坪有多种病害，但较大程度取决于草坪的种类和季节。最好在发生病害之前就喷洒药剂进行预防。

叶锈病

高丽芝的代表性病害。每年5~6月、8~9月发病。草叶上出现黄色锈斑，粉状物（病原菌）四处飞散传播。

春秃病

夏季草中常见的土壤病害。
3月上旬发芽期出现10~30cm的圆形病斑，夏季复原。
如果数年持续发病，则在秋冬交替季节喷洒药剂。

叶腐病

冬季草中常见的土壤病害。
在长势较弱的6~7月、9月出现10~60cm的圆环状枯死区域。

草坪的虫害与对策

下面都是寄生在草坪中的害虫。要熟悉害虫的特性，并及时喷洒杀虫剂进行预防。

金龟子类

金龟子在草坪中产卵，其幼虫寄生在地下10cm左右的深度，会蚕食草根。幼虫很难驱除，因此在成虫的活动期（4~9月）对成虫进行杀灭。

夜盗虫类

幼虫栖息于地下，夜间会到地面活动，以草的茎叶为食。被蚕食的草地呈现褐色，容易与病害区别。
在成虫的发生期（5~10月）对成虫进行杀灭。日常管理的预防手段是，控制氮肥用量，并在成虫发生期修剪草坪。

稻巢草螟类

幼虫会蚕食草的茎叶。
发生期5~10月，以6~8月、9月最为严重。
喷洒药物杀灭刚孵化出的幼虫效果最佳。
如果草坪根系良好，即使遭虫害也能很快恢复。

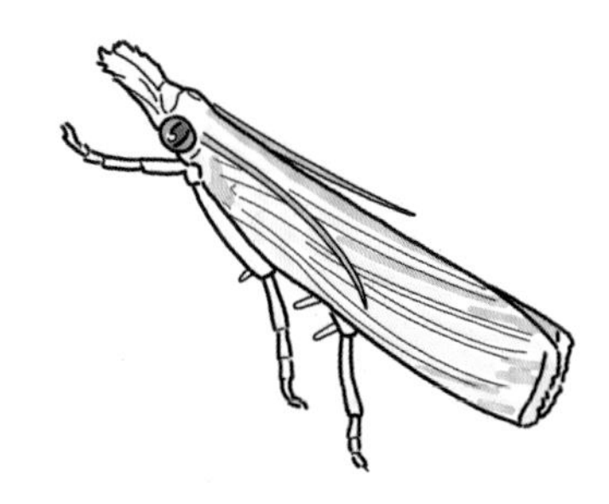

草坪的生理障碍

黄化现象

早春季节草坪整体黄化，缺乏生机，但到了夏季会恢复。其原因为土壤板结、根系生长环境变差等。可用补土、打孔、活化剂等方式促使其恢复。

围篱与绿篱的施工

衬托建筑物外观的绿篱或竹篱等的自然围篱，以及能营造优雅氛围的格子围篱能兼顾西式、日式风格的建筑。

▲结满累累红果的火棘绿篱。

围篱搭建前准备

与邻家的住宅进行分隔的手段有围墙、院墙、围栏等，近年来流行高格子围篱等欧式围篱。格子围篱与院墙不同，布有孔隙，因此可以观赏围篱之外的景色。

这些分隔物本身也具有防盗的作用，分隔物设置高一些，可能感觉防盗效果更佳。但是，过高则会产生密闭压抑之感，过低则会被周围茂盛生长的植物所遮盖，从而失去防盗的效果。

此外，在住宅密集区域，邻里间常因为采光、通风障碍、植物的枝条或蔓藤侵入蔓延等产生纠纷，因此即使是在自己的院内设置围篱，也最好考虑和睦邻里关系。

形形色色的分隔用构造物

●围篱

围篱设置的目的为将住房、庭院“围合”“分隔”“遮蔽”起来，因此分为外围篱、内围篱、旁围篱等。另外，根据用材还分为绿篱、竹篱和石篱等。

绿篱是指将成排种植的树木进行修剪后形成的围篱，具有良好的季节变化（开花、红叶等）、耐久性和经济性。甚至能兼具避风、防火、保安性等。此外，从分隔和遮蔽、景观灯的角度来看竹篱是最佳的景观装饰物。

●围墙

用途与围篱相同，但考虑到地震中可能会倒塌，因此主流构造为混凝土砖块上设置铝制围栏。

●栅栏

栅栏常用于空间分隔界限、悬崖或者水塘等地方，防止坠落。栅栏有高有低。

●格栅围篱

格栅围篱包含混泥土基础上设置的铁制围篱、木制的菱形格栅这类庭院中经常用的格栅围栏等。格栅围篱质量轻便，价格低廉，架设后很美观，因此特别适合在改造时使用。

过去一般认为铁制围篱的施工还需要进行地基搭建，因此比较困难，但最近市面已经有预制的混凝土砖块和基础等，还包含安装时需要的简易五金件等。如果使用这些便利的材料，DIY 也是可能的。

木制格栅围栏从尺寸、外观都丰富多样，安装也很简单，需要的材料都是常用的 DIY 素材。素材为木制，因此与植物更能融合，并且营造出温馨的氛围。但是，如果长时间暴晒和经受风雨洗礼则会出现损伤。每年需要进行一次涂覆防腐剂的保养作业。

▲格栅围栏风格明快，让人有开放感。

●在围篱上攀附藤蔓植物

要在较小的空间享受栽培植物的乐趣，最为便利的是选择藤蔓植物。想让居住氛围更温馨、保护隐私和防止日晒，可以选择这样的方法。

支撑藤蔓植物一般可以选择网格花棚、格栅围栏、花架、铁丝网等。

爬满格栅围栏盛开的铁线莲，能缓和砖块的生硬感。

搭建布制的围篱

想要搭建绿篱，但又觉得日常打理很困难；如果选择木制围篱，又可能会干扰到邻居。本实例是为有这种苦恼的人准备的。使用一种似布料的遮阳布，耐久性良好。可以感受到遮阳布另外一侧的景观，但又看不清楚。通风、遮光都不成问题。布制围篱与木制的围篱比起来，具有造价低廉的优点。

施工流程

1 施工前准备
2 搭建立柱
3 设置横板
4 张紧遮阳布，安装压条
5 完成

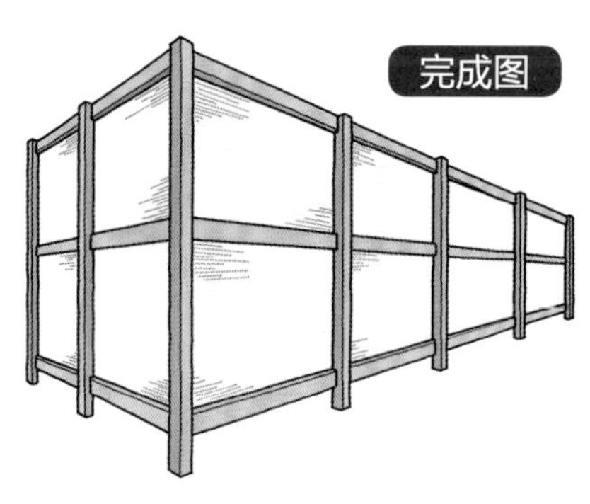

完成图

使用的工具

- 尺寸测量：刻度尺、曲尺、水平仪、水平线
- 砂浆配制：铁锹、手铲、水桶或者砂浆桶
- 施工工具：尖头铲子、手铲、电动螺丝刀、钉枪
- 扫除工具：刷子、海绵

使用的材料

- 铺面材料、河沙、水泥、基础材料（碎石）

1 施工前准备

❶ 测量材料的尺寸

首先确认必需材料的数量，然后按照使用顺序摆好。测量尺寸时，要将刻度尺紧贴材料，准确测量。

❷ 安装五金件

在架设围篱前将能够安装的五金件等安装完毕。

●范例围篱的构造

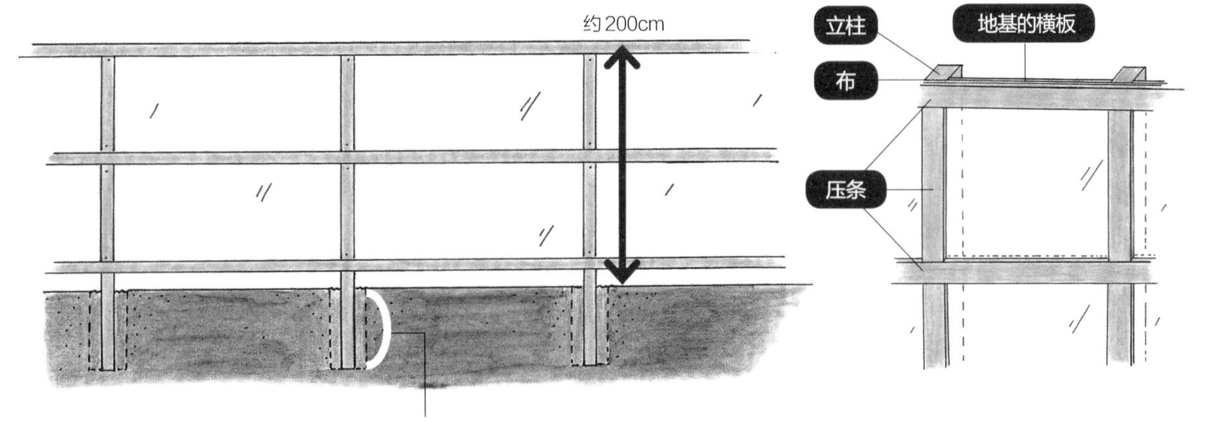

2 搭建立柱

❶ 考察设置立柱的位置

在搭建立柱的位置挖掘孔洞，观察土层的状态。如果正好位于边界的基础上，则无法挖洞，施工方案则需要调整。

●立柱埋入深度的计算方法

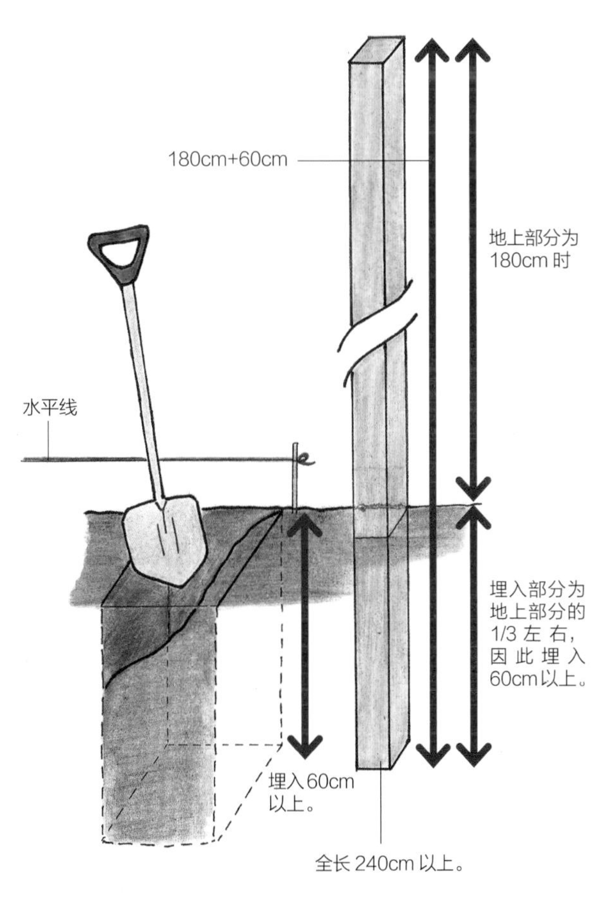

❷ 确定立柱的埋入深度

在架设立柱的位置挖掘孔洞，确定立柱的埋入深度。此时还要找准水平。

参考孔洞的深度，测量立柱埋入部分的尺寸。

要点

虽然从图纸上基本可以确定围篱的高度，但有时不得不根据材料的长度与施工现场的状况来进行调整，所以必须在现场对立柱埋入深度进行再次确认。

❸ 架设立柱

用双手紧握标注好尺寸的立柱，并对准孔洞垂直插入。插入立柱后要确认水平。

❹ 调整埋入深度

检查标注的尺寸是否与地表面相同，一边微调，一边调节深度。

要点

当操作熟练后，可以同时握住立柱和水平仪，然后插入埋柱孔洞，会提高作业效率。

❺ 调整立柱的水平

观察插入孔洞中的立柱的水平状态。水平确认不要只在某一面上进行，在其他面上也进行确认。

专业人士的建议

观察水平时，要让视线和水平仪的位置处于同一高度，并确认水平仪的气泡位于水平仪中心位置。

用硬棒或者铁锹等将立柱的根部压紧捣实。

6 固定立柱

用手铲将挖出来的土填回距离底部15cm的厚度。

要点

固定立柱时，在立柱的四面都放上水平仪，一边调整水平一边固定。

在调节立柱水平的同时，用手铲再填入两铲左右的土，然后反复压实，固定立柱。

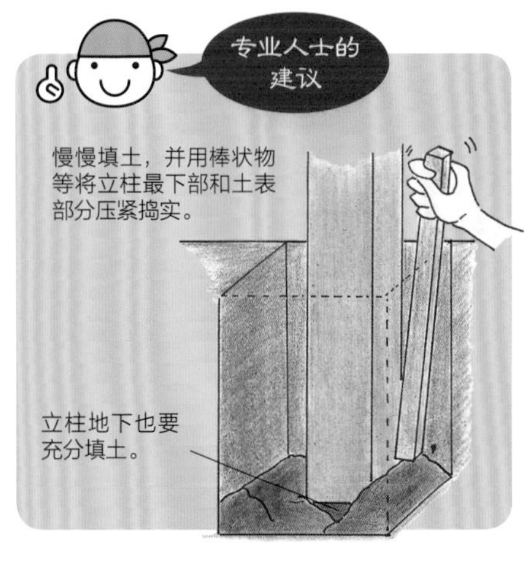

7 收尾处理

在确认水平的同时，用脚将土踩踏密实，最后完工。

3 设置横板

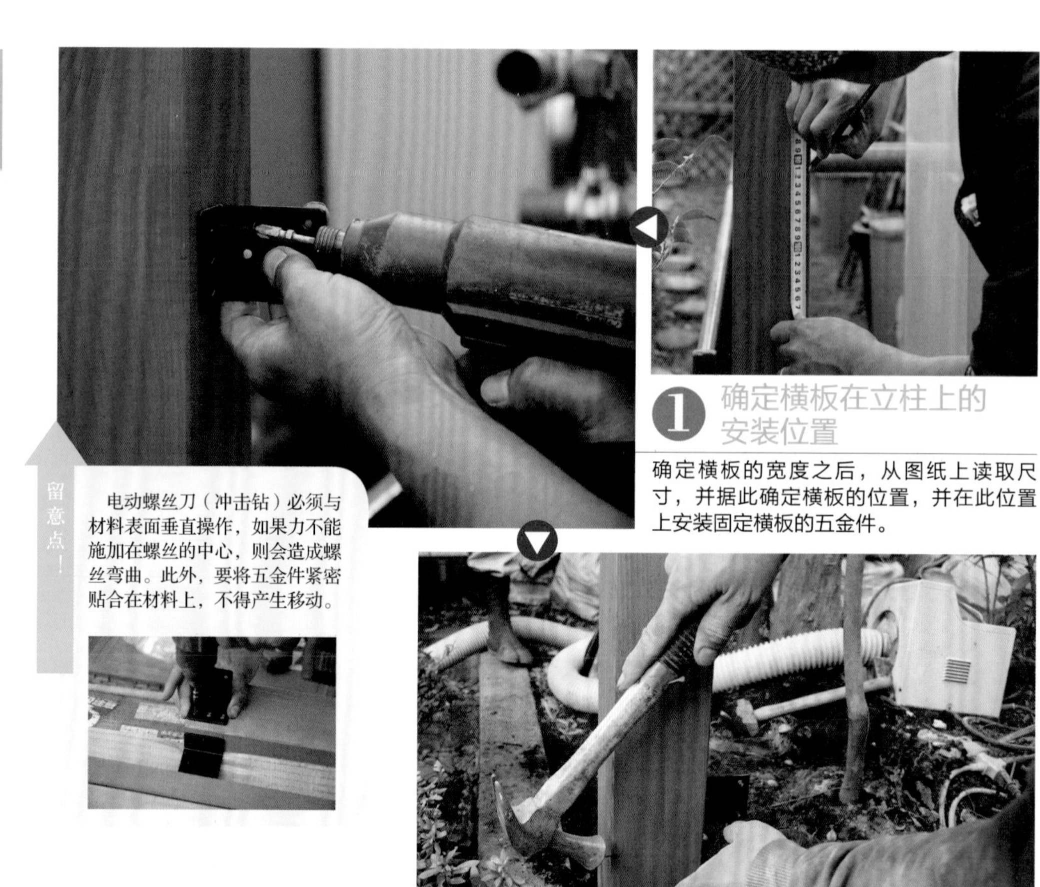

留意点！

电动螺丝刀（冲击钻）必须与材料表面垂直操作，如果力不能施加在螺丝的中心，则会造成螺丝弯曲。此外，要将五金件紧密贴合在材料上，不得产生移动。

❶ 确定横板在立柱上的安装位置

确定横板的宽度之后，从图纸上读取尺寸，并据此确定横板的位置，并在此位置上安装固定横板的五金件。

❷ 临时固定水平线的钉子

将钉子暂时固定在已经安装的五金件的外侧。

专业人士的建议

对于横板安装等作业，一般必须在保证水平的状态下进行，装上水平线则可随时检查水平，并提高作业效率。

在调整水平的同时，在横板的安装位置设置水平线。

❸ 设置水平线（捆绑方法→P69）

在临时固定的钉子上安装水平基准线。

安装横板

横板与五金件对齐安装。

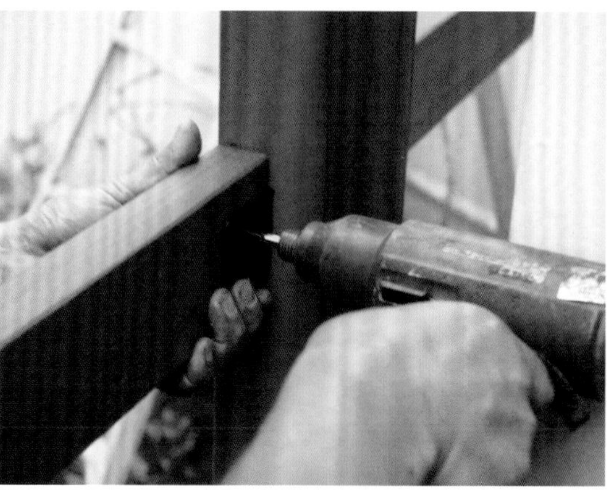

使用电动螺丝刀可以在拧螺丝的同时施加强力，可以让连接的作业变得更轻松。

要点

在双手无法达到，需要旁人协助时，可以事先利用绳结等将五金件和横板连接、固定，这样会让作业更加顺畅。

4 四张紧遮阳布，安装压条

❶ 测量横板的长度

测量压条的长度，以此确定所需的遮阳布的长度。

❷ 切割遮阳布

按照比压条稍长的尺寸切割遮阳布。

❸ 固定遮阳布

用钉枪从压条的端部对遮阳布进行临时固定。

大体上暂时将遮阳布固定，保证不松松垮垮即可。

钉枪固定完成。

要点

遮阳布转角处充分拉紧后进行固定，保证不出现松散部位。

每隔10cm左右进行正式固定。

要点

使用固定夹（C形夹）会给作业增添便利。

4 安装压条

安装时对准遮阳布背面的横板。测量压条的长度，确定螺栓固定的位置，并等间隔进行固定。

专业人士的建议

将切割横板的余料按照必要的长度进行切割，然后用它作为度量，在横板上做标记，可更容易保证等间隔。

●水平线的捆绑方法

墨线使用时张紧，作业完成后要从钉子上解下时，只需拉动圆环以外的线头部分，就能恢复为一条墨线。这样墨线即可循环使用。

❶

将a端穿过b端背面并绕到前面，做出圆环ⓐ。

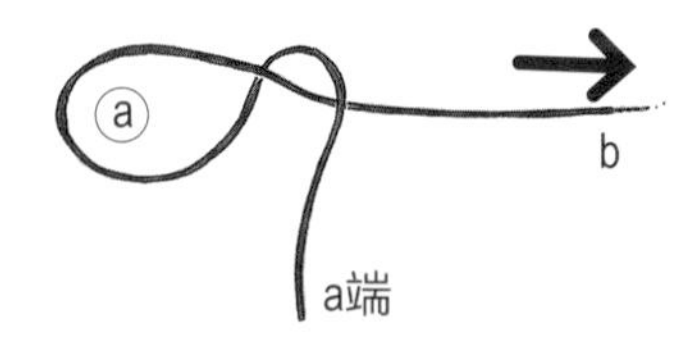

❷

用b做出圆环ⓑ。

❸

将圆环ⓑ穿入圆环ⓐ，握住圆环ⓑ，然后拉动a端。

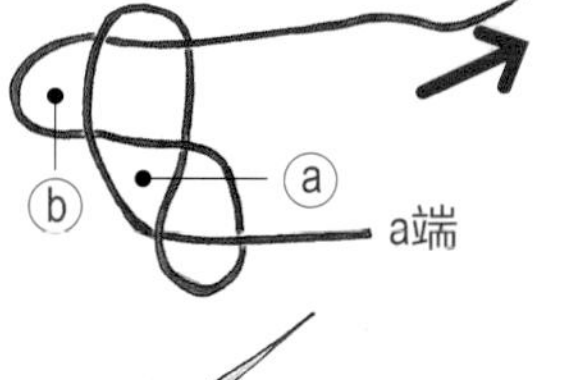

❹

将圆环ⓑ套在钉子上，拉动b端即可捆牢。

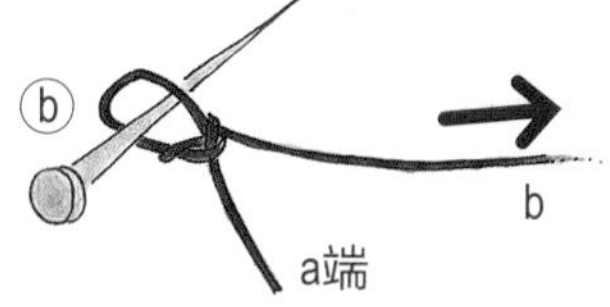

将ⓑ从钉子上取出后，拉动a、b端。

5 完成

遮阳布、压条安装完成。

动手试做

在格栅围篱上攀绕山葡萄

嫩叶的新绿清爽自然，果实的颜色层次丰富美丽，红叶还可观赏，这就是落叶的山葡萄。山葡萄会长出蜷曲的卷须茎，所以要设置支撑物。1~2 月进行修剪，可调整树形。

山葡萄攀附前的状态

专业人士的建议

将围篱想象成画布，想象植物在其上如何生长更加美观。如果使用过多金属丝牵引，树木落叶时期金属丝会变得醒目，影响美观，应当注意。

1 确定自攻螺丝钩的安装位置

测量并确定自攻螺丝钩的安装位置，用于拉紧金属丝（铝线）。

2 安装自攻螺丝钩

将自攻螺丝钩安装在标记位置。如果立柱的材质非常坚硬，则可先钻出小孔定位。

金属丝（铝线）也分为各种型号（代表直径的记号），要根据攀附的植物成比例选择金属丝的直径。如果比植物细，则会耷拉下垂，影响美观。

3 安装金属丝

在螺丝钩上拉紧攀附山葡萄的铝线。

4 攀附山葡萄

如果强行缠绕，则可能会造成山葡萄枝条扭曲折断，一定要注意。

山葡萄攀附后的状态

春天山葡萄的蔓藤顺着金属丝生长，为围篱增添令人舒心的绿意。

动手试做

在格栅围篱上攀绕多花素馨

春天绽放芬芳花朵的多花素馨是四季常绿的藤蔓植物。其特性为枝条端部长叶，并从那里分枝。因此，如果不进行修剪或枝条的牵引，则会造成只有围篱的上部茂密、下部枝叶稀少，所以要多加留意。

多花素馨攀附前的状态

❶ 让蔓藤在围篱上攀附

在围篱上攀附蔓藤，通过牵引让枝叶长满围篱。

多花素馨攀附后的状态

❷ 疏枝修剪

对围篱上部过于茂盛的枝条疏枝修剪。

❸ 树形修整

去除干枯的枝条，并对整体树形进行修整。

藤蔓植物的种类

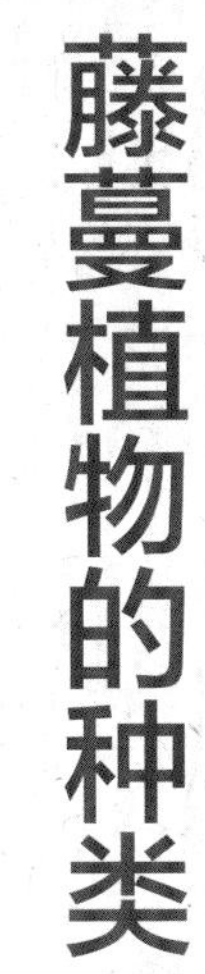

藤蔓植物种类繁多。有常春藤、爬山虎一类会长出气生根或附生根的，有可以在垂直的墙面上附着攀爬的，也有像铁线莲和香豌豆一类依靠卷须茎等在格栅围篱或支架上缠绕支撑的，还有像金银花和藤本月季等依靠格栅围篱或花架的支撑而向上攀爬的。

铁线莲　在铁制的围篱上攀援缠绕，可让过路行人感受温馨的氛围。

卷须茎缠绕在格子上，植物可以起到遮蔽的效果。

香豌豆

沿着墙面攀爬，带来绿意清凉。

爬山虎

沿着围篱延伸攀爬，争奇斗艳。

藤本月季

施工例

搭建绿篱

搭建绿篱时，需要有支架对树木进行固定。在本例中，首先通过图解介绍四目篱支架的制作方式，以及树木的种植方法。在四目篱中，竹篱是最基本的形式，用竹子纵横组合即可搭建最简单的绿篱支架，制作简单是其优点。垂直直立的竹子被称作立柱，而横向连接的竹子被称作横杆。

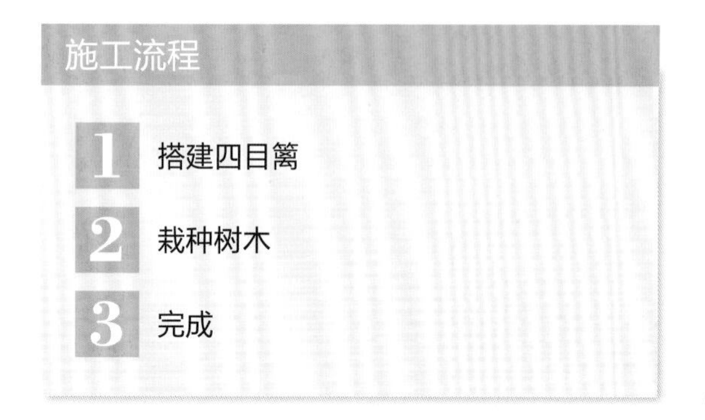

施工流程

1 搭建四目篱

2 栽种树木

3 完成

使用的工具

● 尺寸测量：刻度尺、水平仪、水平线

● 施工工具：锯子、剪刀、电钻、榔头、手铲

使用的材料

● 杉木或桧木加工的圆木、竹竿（细）、麻绳、钉子

1 搭建四目篱

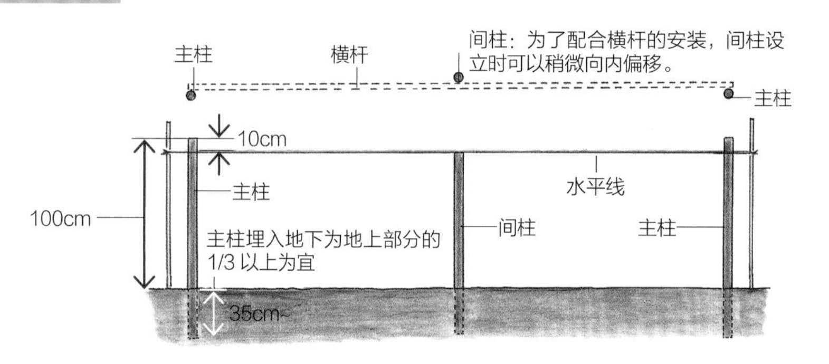

架设主柱和间柱

在预定的位置拉紧水平线，确定竹子的位置，并在两端挖掘孔洞架设主柱（心柱）。然后在两端的主柱间每隔大约2米架设间柱。为了后续的横杆的安装，间柱架设时要比主柱略微靠后。

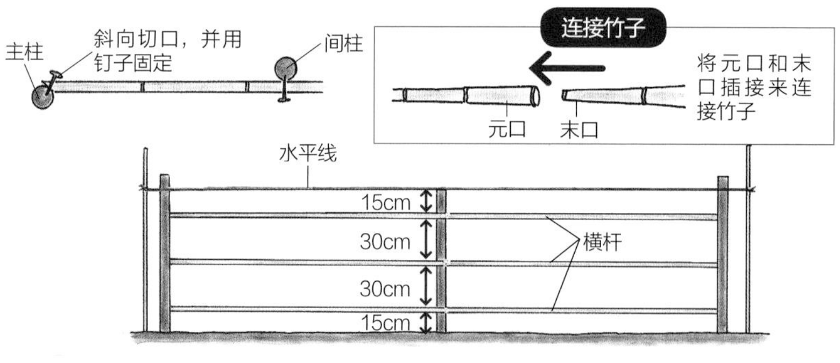

❷ 安装横杆

确定横杆的安装位置，然后在主柱和间柱上做好标记。横杆的竹子也在固定位置用电钻开口，并在主柱和横杆相交的位置开口处钉入铁钉固定。

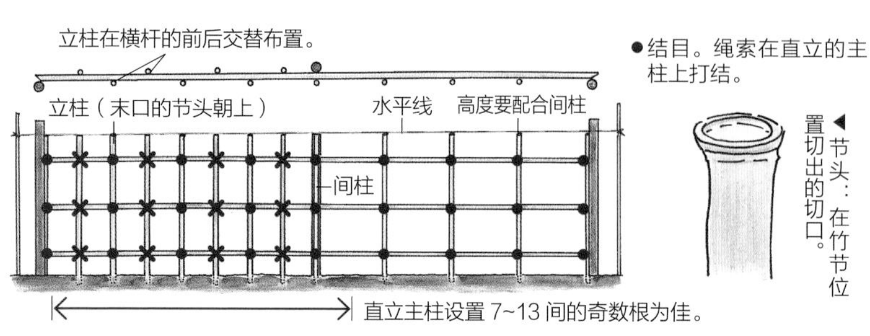

安装直立主柱

将切开的直立主柱用木制榔头等轻轻敲击埋入土中。

要点

直立立柱应该等间隔，并在横杆的内外交替进行布置。

④ 用麻绳捆扎直立主柱与横杆

在直立主柱与横杆的交叉处用麻绳捆扎。

●麻绳的捆扎方法（十字结）

绳结要打在直立主柱安装一侧。从下往上，调整垂直线的同时进行捆扎。

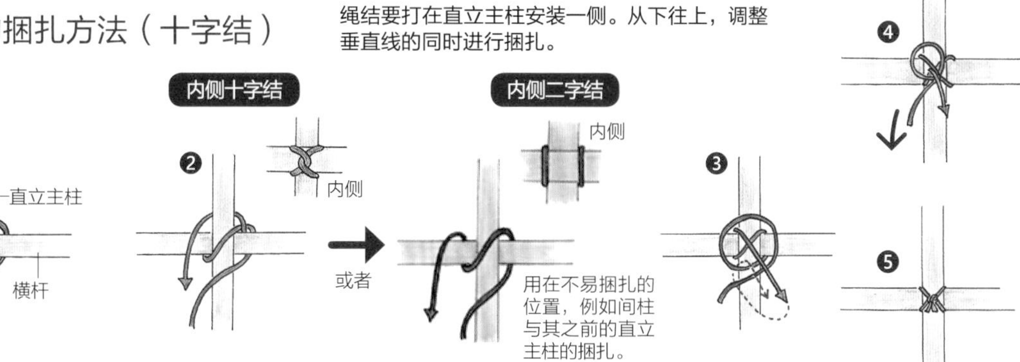

2 栽种树木

② 植株牵引

沿着横杆栽种植物，并用麻绳固定。

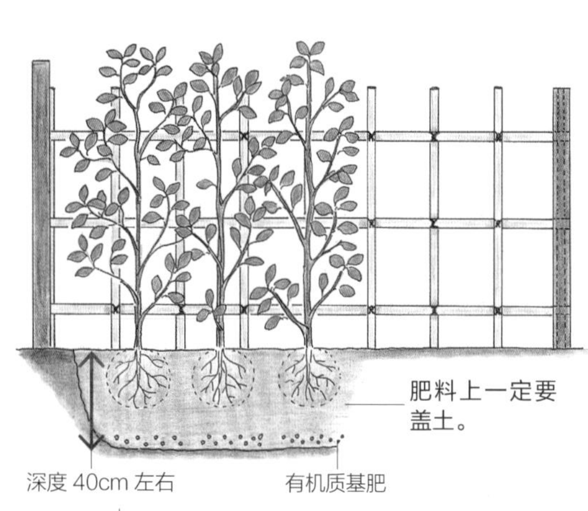

① 栽种植物

植树的土坑按照每米栽种三棵树的比例挖掘。

3 完成

在四目篱上攀附种植光叶石楠后的景观。

施工例

绿篱的修剪

绿篱植物并非植物的自然形态，而是人工修剪的造型提升其观赏价值。修剪的要点是突出直线、曲线之美。绿篱的目的是防风、隔音、遮蔽等，因此要根据其目的来进行修剪、回缩等管理作业。

施工流程

1 修剪短截

2 打扫现场

3 完成

使用的工具

- 修剪工具：园艺剪、剪枝剪、电动剪
- 高处修剪作业所需工具：梯子
- 清扫工具：钉耙，笤帚

1 修剪短截

❶ 观察现状

观察绿篱整体状态，找出不良枝（参考右下）

❷ 决定修剪的尺寸

确定修剪的尺寸，让整体造型更加美观。

❸ 修剪作业

找出不良枝，进行修剪。

要点

侧面与顶部过渡部分的修剪，可以反握剪枝剪进行操作。

修剪顶部的水平部分。

从侧面的平整部位开始修剪。

●不良枝指什么？

- 修剪后可以促进萌芽生长，枝叶茂密的枝条。此外，修剪后可以促花促果的枝条。
- 受到病虫害侵害的枝条。
- 剪切后可以改善通风和光照且可预防病虫害的枝条。
- 剪切后可以恢复树势的枝条，或者有助于矫正树形的枝条。

对于高大的绿篱，使用电动剪可以让绿篱表面更加平整。

如果修剪时剪枝剪刀刃与树木不平行或者与地面不垂直，则会造成绿篱表面凹凸不平，所以要避免。

2 打扫现场

3 收拾现场

将修剪途中挂在绿篱上的枝叶扫落地面。

用手将遗留在绿篱丛中的剪除枝叶清除。

3 完成

形形色色的绿篱与竹篱

形形色色的绿篱

绿篱可以衬托建筑物的外观，并且四季景观各不相同，能为生活增添温馨与轻松之感。绿篱大致可分为搭建于院落外围的外篱和院落之内用作分隔的内篱。此外，根据绿篱的高矮又可分为高篱、中高篱（普通篱）和矮篱等。

茶梅

香柏

卫矛

●绿篱用树木的选择方法

因为绿篱要经过不断修剪，所以选择绿篱用树种的时候，要注意以下几点。

· 耐修剪、萌芽能力强的种类。
· 分枝密集、不易老化的种类。
· 叶片密实美观的种类。
· 病虫害少，容易养育的种类。
· 方便购买、价格低廉的种类。

珊瑚树

形形色色的竹篱

竹篱是日本独创的手法，有分隔用竹篱和遮蔽用竹篱，自然本色是日本庭院不可或缺的物件。竹篱是用桂竹、孟宗竹或淡竹的竹片和竹竿等组合编制而成的，根据其组合方式又产生了各种不同的造型。

矢来竹篱

建仁寺竹篱

龙安寺竹篱

四目篱

光悦寺竹篱

打造木栈平台

露天木栈平台作为第二个客厅，是供我们休憩的场所。所选的材料可以在家装用品店方便购买。在周末，我们可以进行DIY。

木栈平台的材料

木栈平台要遭受风吹雨淋、日光暴晒，因此要选择耐久性好且质地坚硬的材质。此外，也有经过防腐、防虫处理的材料和树脂材料等比较昂贵的材料。因为材料质地坚硬，所以在钉入螺丝之前必须要先打孔。主要的材料种类如下所述。

●材质分类

■**重蚁木：**用在港口的栈桥上，是耐久性、耐水性和耐腐蚀性优良的木材，不需要防虫处理，但价格昂贵。因质地坚硬，切割时需要使用电锯。

■**婆罗洲铁木：**是具有顶级耐水性的材料。很强的抗虫害也是其特征。

■**南洋榉木：**具有高密度、高强度和良好的耐久性，能用来做船舶的甲板。也不会遭受虫害侵扰。

■**北美红桧：**耐水性强，是干燥后收缩很少的木材。含有杀菌、驱虫的成分，耐久性也很好。

露台木栈平台的基本构造

了解木栈平台的构造后，就能更容易理解木栈平台的搭建流程。在此只需要了解常见的木栈平台的构造。

●各部分的名称与功能

■**基石（基础）：**支撑立柱的石台（大部分采用混凝土制成）。能防止立柱直接接触土壤造成的腐朽。

■**立柱：**支撑跳板的直立材料，设置于基石之上。

■**跳板：**设置于立柱之上、横梁之下，与立柱间可使用螺栓进行连接。

木栈平台的基本构造

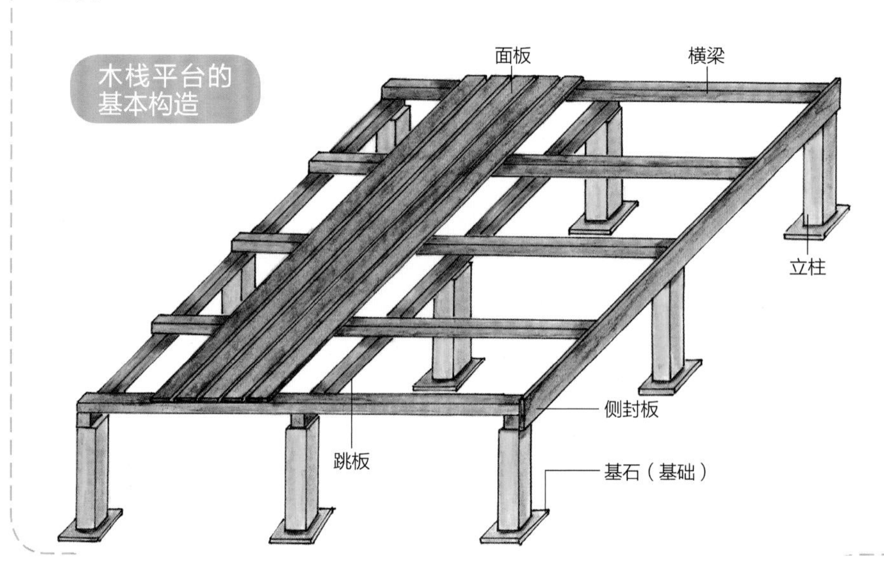

■**横梁**：架设于面板之下、支撑面板的横向木柱，与跳板垂直排列。
■**侧封板**：用作装饰的横向长板。在第 88 页的实例中，侧封板用作地板下部的遮盖。
■**面板（顶铺板）**：与横梁连接的地板。

木栈平台的外观造型

如果不使用现成品，则可以根据场地大小决定地板、扶手以及木栈平台的造型，其过程也乐趣无穷。

●设计造型的思路

■**面板**：多数会设置成与房屋平行，也不妨尝试以下斜向或者菱形排布的充满个性的类别。

■**扶手**：视觉焦点部分。多数采用直杆或者横杆设计，也可以选择斜向格栅设计。

■**平台的外形**：矩形平台施工很便利，但是也可以根据建筑的风格，对边缘进行凹凸或者曲线设计，能起到生动活泼的效果。

■**是否设置屋顶**：设置屋顶后平台能更持久使用，即使下雨也可在此休憩，但缺点是采光会变差，且会失去开放感。

制订施工计划时的注意事项

①日程安排上留出余地

施工会受到天气的影响。此外，还需考虑到可能出现的材料不足或者工具故障，制订宽松的施工计划。

②根据施工场所确定作业人数

如果人手充足则施工进展会很快。但是，如果在狭小的空间内人数过多，也可能降低作业效率。

③工具与事前准备需充分

在作业前需要点检当日使用的材料和工具。如果数量不够则需要补充，还需要进行电动螺丝刀等的充电。

④根据季节安排施工进度

在酷暑或寒冬中作业会进展缓慢，应当尽量避免在不适宜施工的季节作业。

施工例

搭建露天木栈平台

本例是将混凝土制的露台改造为露天木栈平台的实例。客厅得以延伸，蜕变为开放的空间。本例将混凝土的露台原封不动用作基础平台。

施工流程

1 设置场所的整理
2 设置场所的尺寸测量
3 搭建木栈平台的基础
4 跳板（横梁）的设置
5 铺设面板
6 收尾处理
7 完成

使用的工具

- 测量工具：曲尺、卷尺、水平墨线、水平仪
- 切割工具：锯子、链锯、电动圆锯
- 挖凿工具：电钻、凿子
- 切削打磨工具：角磨机、刨刀
- 连接工具：铁榔头、电钻、电动螺丝刀、螺丝刀、壁纸刀
- 清扫工具：毛刷、笤帚

使用的材料

- 胶合板（基础用型模）、膨胀螺套、全牙螺丝、垫圈、基础用砂浆（水泥、河沙）、木栈板、螺栓、自攻螺丝

完成图

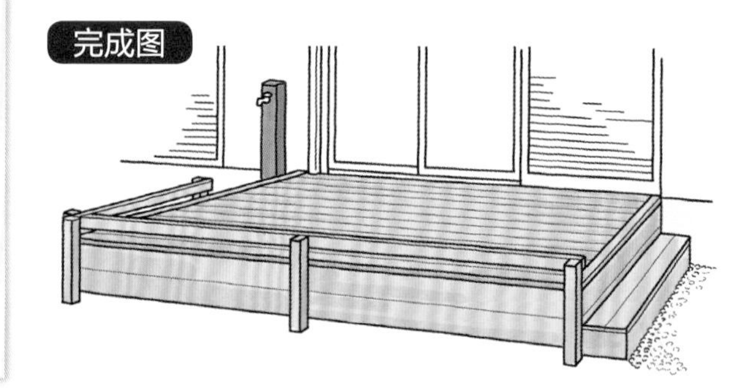

1 设置场所的整理

❶ 撤除既有的构造物

用铁榔头将混凝土的围栏砸碎。操作时，不要一次破坏，而要从边缘开始，依次敲击，将其破坏。

❷ 碎片的清扫

本例中使用该平台用作基础，一旦做上标记和搭建木栈平台后就无法对下面的垃圾清扫，因此搭建前要仔细扫除垃圾。

●实例中露天平台的构造

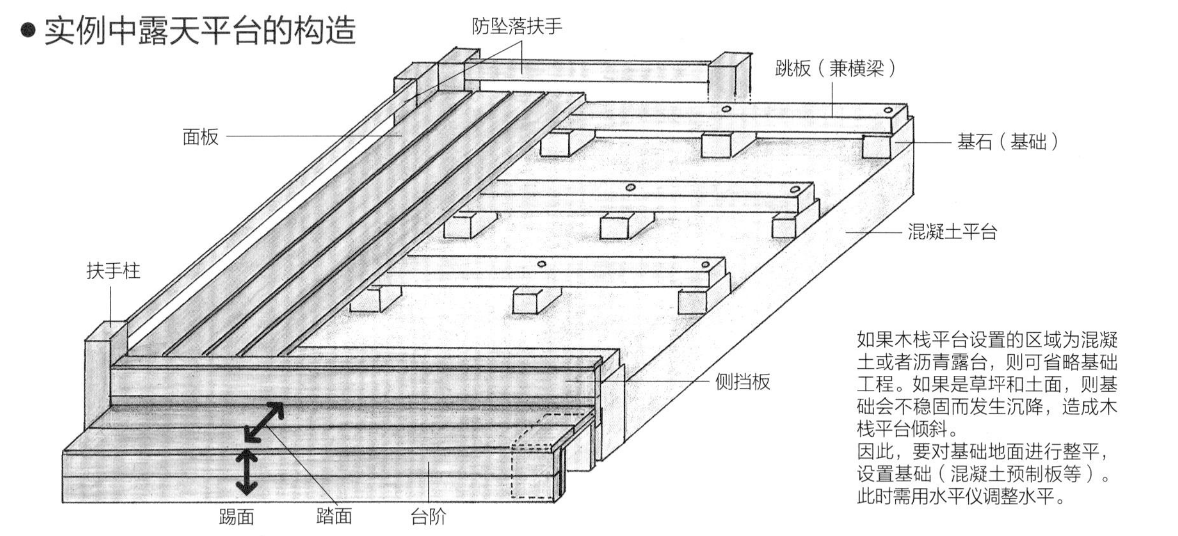

如果木栈平台设置的区域为混凝土或者沥青露台，则可省略基础工程。如果是草坪和土面，则基础会不稳固而发生沉降，造成木栈平台倾斜。
因此，要对基础地面进行整平，设置基础（混凝土预制板等）。
此时需用水平仪调整水平。

2 设置场所的尺寸测量

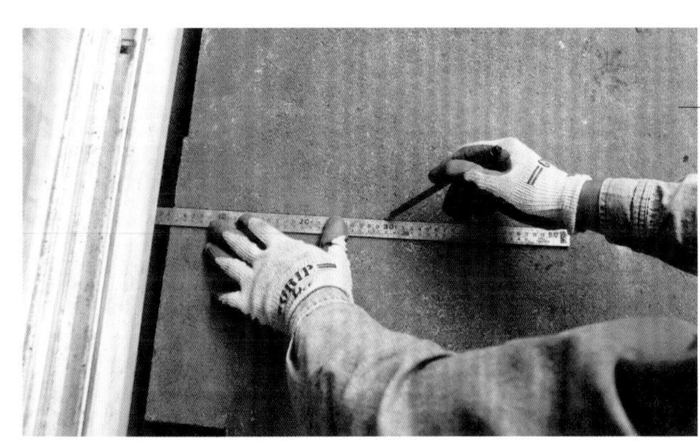

❶ 根据图纸，以住宅为基准进行尺寸测量

以住宅为基准画出水平、垂直线，并确定平台的中心。中心确定后，对平台的面积进行测量，然后确定平台的基础位置。

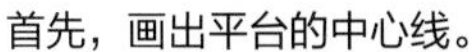

首先，画出平台的中心线。

其次，根据中心线画出基础的位置。

3 搭建木栈平台的基础

❶ 为全牙螺丝开孔

在要搭建基础的区域开孔，以备螺栓拧入使用。插入膨胀螺套。

❷ 拧入全牙螺丝

在螺套中拧入全牙螺丝，并在基础的高度位置切断。此时要保证全牙螺丝的水平。

❸ 制作基础用型模

制作与基础的高度相匹配的型模，并将基础中的全牙螺丝置于中心位置。

要点

型模在混凝土凝固后就可以拆开，因此只要保证不发生移动即可。固定型模的钉子在最后拔除，设置时应考虑到拆卸便利。

整体的状态

❹ 注入混凝土浆

在所有螺丝都加上垫片，然后在型模中注入混凝土砂浆。混凝土注入垫片位置。

❺ 基础完成

基础完成。

4 跳板（横梁）的设置

❶ 跳板设置前的准备

跳板摆放在基础上，根据基础的定位测量尺寸，在跳板开孔以便穿过全牙螺丝。

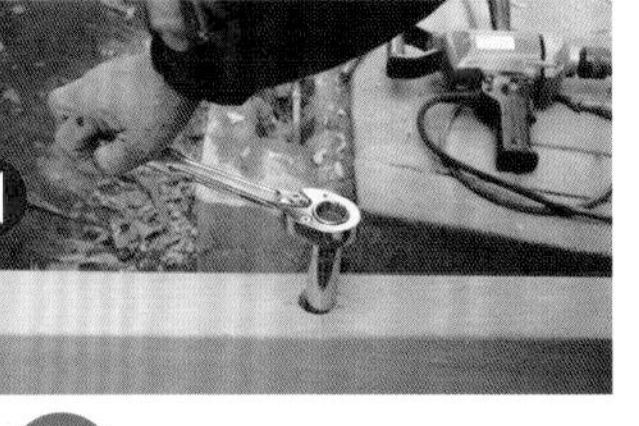

❷ 设置跳板

用螺栓将跳板固定在基础上，将基础上的全牙螺丝切除。

● 在跳板上开孔

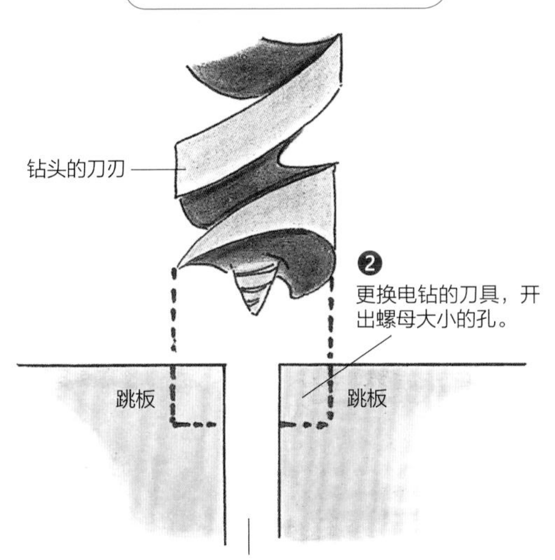

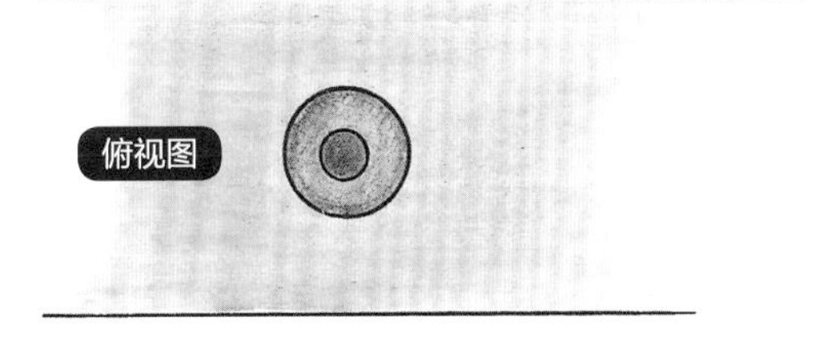

跳板安装完毕。

● 在跳板上安装全牙螺丝

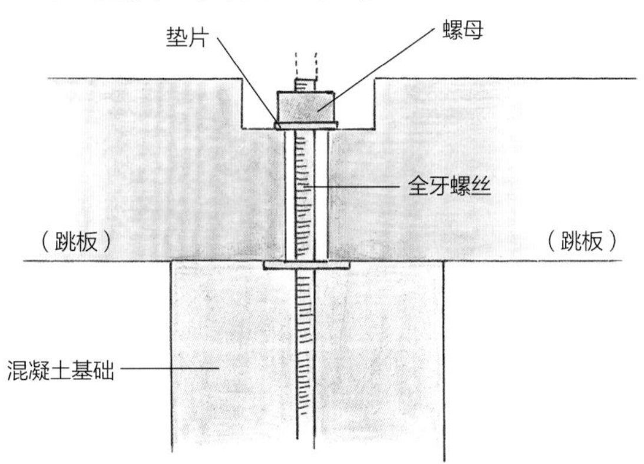

5 铺设面板

❶ 准备好面板

将面板架在跳板上摆放好。

要点

为了保证面板之间的缝隙均匀，可以在面板之间夹上等宽度的木板，可让作业更轻松，面板接缝均匀。

❷ 铺设面板

从住宅一侧开始铺设面板，这样可方便铺设最后一块面板。

❸ 跳板的调整

在栈板材料一定程度铺设完成后，确认整体的长度，并将跳板过长的部分切掉。

❹ 安装侧挡板

安装遮罩用侧挡板，将跳板盖住。

❺ 面板的收尾工作

面板铺设完成后，切割端部多余部分，并调整边缘部分。

便利的工具

尺寸测量时水平墨线非常有用。水平线带有墨斗。

①在想要做标记的地方，安装水平线一端的钩子。

②弹墨线即可做好标记。

6 收尾处理

❶ 设置防坠落的护栏

挖掘孔洞，以安装用于设置放跌落矮护栏的扶手柱。

在保证水平的同时，将扶手柱埋入孔洞中。

❷ 安装扶手柱

测量地上部分和埋入部分的长度。

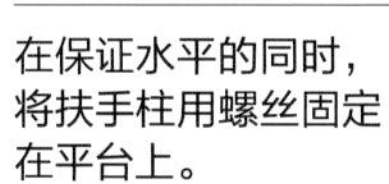

在保证水平的同时，将扶手柱用螺丝固定在平台上。

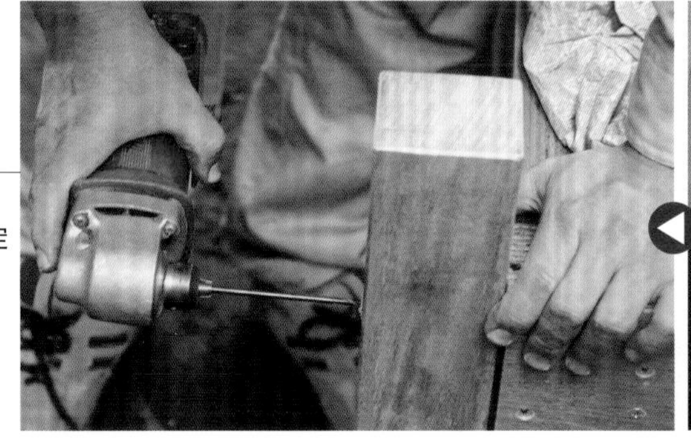

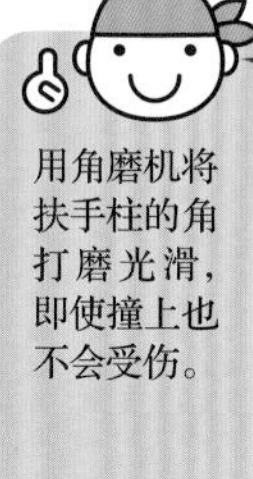

用角磨机将扶手柱的角打磨光滑，即使撞上也不会受伤。

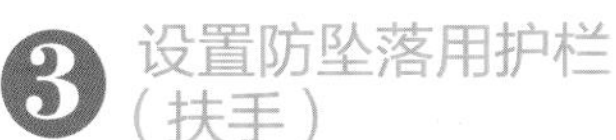

❸ 设置防坠落用护栏（扶手）

护栏（扶手）既可以起到防坠落的效果，还可用作遮蔽、晾晒被子等。可根据用途来决定高度和造型。

4 设置台阶的基础

根据测量搭建完工的木栈平台高度，确定踢面台阶的步数。然后确定踏面的深度，并设置安放踏面的基础。

基础的个数取决踏板的厚度。本例中基础的间隔为30cm。

基础设置完成后的样子。

5 制作台阶

侧封板用螺丝固定在基础上，将基础遮盖。

踏板用螺丝固定在基础上，完工。

专业人士的建议

台阶的尺寸（住宅用）定为踢面高23cm以下，踏面深15cm以上。然后，从斜面上看落差的角度45左右最为理想，如果角度过大，最好要安装扶手。

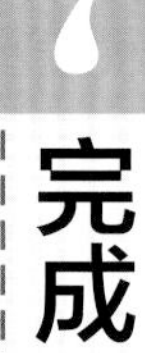

7 完成

供水工程中的点检要点

●注意管道

对现有的给水栓进行加工，将其改造成立水栓时，一定要注意周围的管道。大多数情况下，给水管都连接在水龙头上，因此有时候不可向地下深挖。

在这种地方，如果需要立上枕木等，则需要用混凝土等进行固定。

●排水的解决方法

有时候只顾考虑搭建立水栓，而在完工后才发现忘记预留排水道。

如果给水只与水管连接或者自动浇水专用，没有排水也无妨，但如果用作给水栓，则切勿忘记连接排水管。

●供水工程施工要点

■使用 PVC（聚氯乙烯）硬质管连接时要使用专用的粘接剂： 如果连接不牢，则可能会造成漏水。因此，PVC 管的连接仅插接上还不够，还需要用粘接剂进行固定。

■注意水龙头的尺寸： 要购买与立水栓的止水阀口径、螺纹的螺距相匹配。进口的古董制品虽然精致，但有时候与止水阀不匹配，所以要多加留意。

■在螺纹部分缠绕生料带： 水龙头等螺纹部分不能简单地拧紧，而要先缠绕防漏水的生料带后再拧紧。

生料带不具有粘接性，因此缠绕时要将其拉伸绷紧。

打造给水栓

庭院中设置给水栓，可以方便给植物浇水和供嬉戏游玩。在现有的给水栓上稍做修饰加工，便可成为庭院的亮点。

设置庭院水槽

埋入型的给水栓如果只用于连接水管则无妨，但在其他时候使用时就不太方便。本例对设置新的给水栓时给水、排水管路的基本作业进行介绍。

施工流程

1 水道管路连接
2 设置水槽
3 收尾处理
4 完成

使用的工具

- 尺寸测量相关：卷尺、曲尺、水平仪
- 施工工具：尖头铲、PVC管切割刀、角磨机、锄头、电钻
- 清扫工具：笤帚、抹布

使用的材料

- PVC管、水槽、生料带、PVC管粘接剂

1 水道管路连接

❶ 在未铺设水管的区域进行管道铺设

在确认地下是否设置排水井或雨水井的同时，确定给水栓到水槽设置位置的给水管和排水管的布置，并挖出距地表10cm以上深度的沟槽。

留意点：在布置水管上要考虑到此后树木的栽种、道路填压等多半位于沟渠之上，尽量选择埋管后不产生影响的区域。

用转接头连接水管L型弯曲部分，用粘接剂粘牢，铺设管道至水槽位置。

用PVC管切割刀，在弯曲的位置将管道切断。

❷ 铺设给水管

参照管道布局图，在给水口到水槽设置区域间挖掘距地表深10cm的沟槽，将给水用的PVC管暂时摆放。

要点

连接管道时要使用专用的粘接剂对准粘牢。PVC管被水打湿后会造成粘接剂的结合效果变差，因此要事先擦干水。

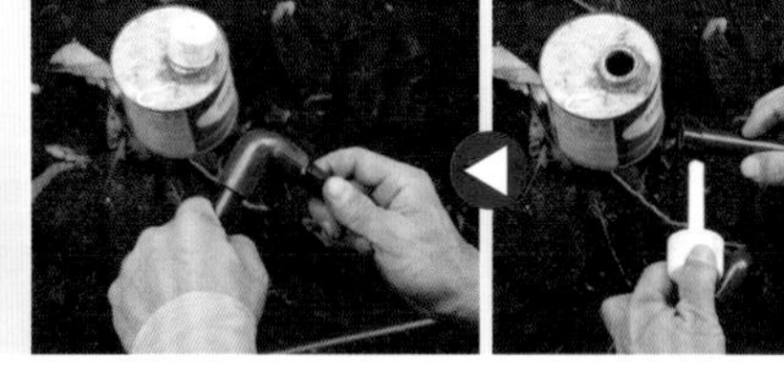

• 实例中的管道布局图

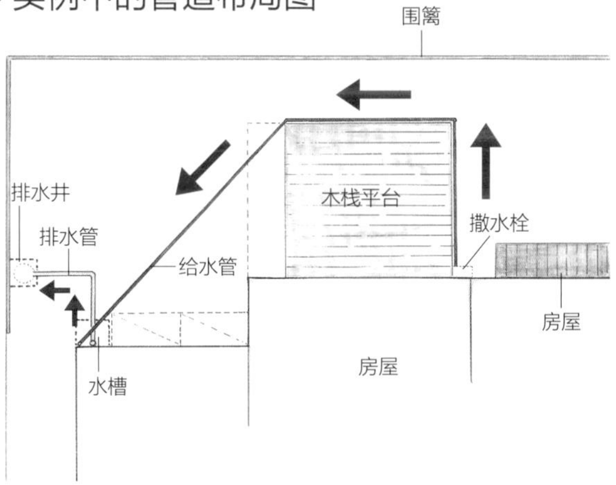

❸ 铺设排水管

从水槽的排水口到排水井之间铺设排水管。

专业人士的建议

此时还不能填埋PVC管。如果不先确定水龙头连接部分是否漏水就填埋的话，则有可能会不得不再次将管道挖出来。

2 设置水槽

❶ 将水槽预置在设置区域

水槽设置区域要预先调平。

按照铺设给水PVC管同样的方式挖掘沟槽，并暂时放置PVC管。L型弯曲部分仍然使用转接头进行连接，并配管到排水井位置。

在与给水管连接部位缠绕生料带。

将部件拧紧防止漏水。

❷ 安装水龙头

安装完毕后拧紧部件，以防漏水。在与给水管的连接部缠绕生料带，保证无间隙接触。

❸ 安装止水阀

止水阀安装在给水管的连接部位，因此要缠绕生料带防止漏水。

3 收尾处理

❶ 将给水管和排水管与水槽相连

连接好之后打开给水栓，确认出水的状态。

要点

在放水时，观察给水管的连接部位是否漏水。如果没有漏水，则可以填埋 PVC 管道。

❷ 填埋PVC管道

将地表填平的同时，留出少许坡度，以便水流向雨水井和花坛流动。

4 完成！

简便易行的供水工程

庭园也如同植物一般岁岁不同。因此庭园的供水也随之变动、改造。在此对供水工程中的基本作业进行简单介绍。

将给水栓分为两路

使用需求增加之后，可以方便地将一处给水栓分成两路。

现状

❶ 拆除现有给水栓。

❷ 装上两路给水栓。

在排水井中设置排水管

排水部分切勿忘记。在此简单介绍排水管安装到排水井的流程。

❶ 参照排水管的尺寸，用角磨机在排水井上切割开孔。

❷ 将PVC管设置在排水井上。

污水井

打开井盖后会散发臭味、滋生寄生虫等，一般不要打开。

雨水井

不可排放洗涤剂等（只能排放水与雨水）。可以设置排水管。

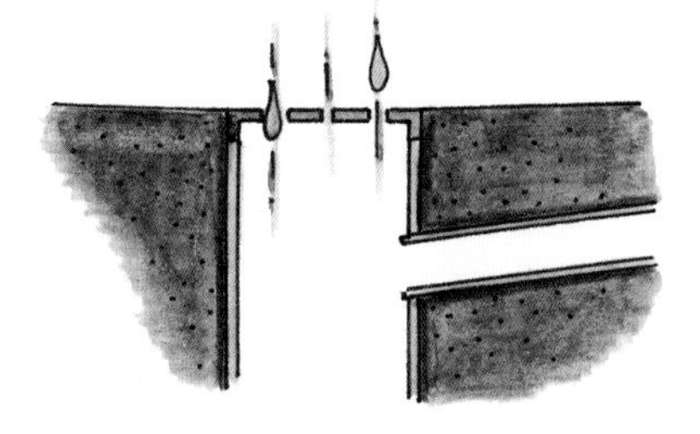

动手试做

利用枕木架设立水栓

本例是为了让现有埋入型的撒水栓使用起来更方便，将其用枕木架高的改造例。其优点是开关给水栓时再也不必弯腰，减轻身体的负担。

❶ 在设置地点周边挖掘时，为了不损坏现有的水管，要用铁铲慎重的慢慢挖掘。

❷ 用脚将给水栓周围的地面踩实，用土夯等将表面夯平。在这一步中要确定立水栓的整体高度和水龙头的位置。

❸ 在测量好的位置将枕木切断。

留意点！

枕木质地坚硬不易切断。此外枕木内可能有铁钉等，使用链锯等电动工具时要多加注意。

❹ 在安装水龙头和插入给水管的部位开孔。

❺ 刨削出安装PVC给水管的沟槽。先在刨削的部位做好标记，用圆凿等挖凿出沟槽，沟槽内部再用平凿等挖凿加工。

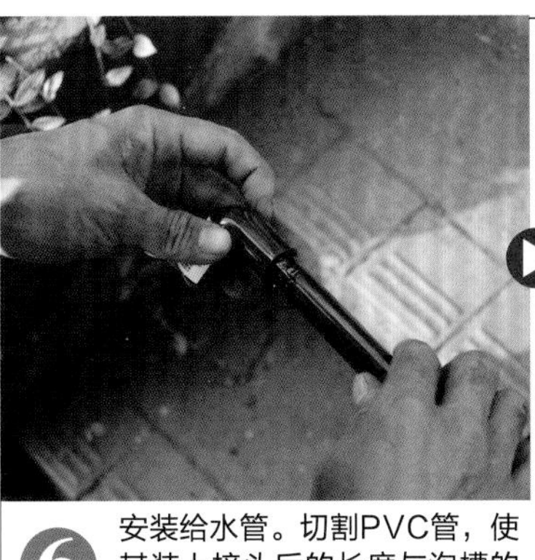

6 安装给水管。切割PVC管，使其装上接头后的长度与沟槽的长度相当。

7 将PVC管穿入枕木中的沟槽内。

8 安装水龙头。

9 参照枕木的宽度与PVC管沟槽的深度，将PVC管与水龙头相连接。

10

让枕木与地面保持垂直，在保证水平的状态下安装立水栓。

11

将立水栓的基础固定牢。

12 完成

修筑水池

在庭院中设置水景，可以与草木调和，并营造曼妙的水流声响。淙淙的水声让人内心感到欢畅，空灵的水声让都市的喧嚣繁杂一扫而光。

水池与岸边的装饰物

修筑水池时也要与庭院的样式相搭配。在日式庭院中，使用石材搭建自然风格的池塘，并再现和模拟山川等自然风貌，韵味无穷。在西式庭院中，用瓷砖或砖材砌做池岸，打造明快的人工池，并辅以喷泉和饰物，也充满乐趣。

此外，还有融合了日式与西式庭院风格的庭院。我们可以根据自己的喜好来选择庭院的样式。

●铺垫有防水布的池塘

使用聚乙烯材质的预制成型水池，或者铺垫防水布，也可很方便地修筑水池。再栽种植物，添加流水，设置水泵灯光，打造更加美妙的水景庭院。

●生境

生境是指将自然纳入庭院中，在庭院里模拟再现自然的生态系统。

比起观赏而言，生境的目的为与野生生物共存，所以庭院的景观依靠自然形成，因此草木会放任肆虐生长。为了避免后期无法管理，所以搭建之初就要制订好计划。

●壁泉

从狮子等饰物喷涌出的潺潺流水，令人赏心悦目，即便在狭窄的空间内也能领略水景的妙趣。通过不同的设计，既可以实现叮咚滴答的流水效果，也可实现汩汩流水的景致。

●惊鹿

日式庭院中设置的水景装饰物件。也叫作僧都，原本是用于威吓鹿和野猪的物件。

惊鹿借助流水的力量，让竹筒在石头上敲击发出咚咚的声响。在制作时要考虑到声响的大小以及发声的间隔。

塑料材质的预制水池

水缸

生境

惊鹿

壁泉

铺设防水布，修筑水池

铺设防水布修筑水池的优点是：可根据自己的喜欢决定造型，还可选择日式或者西式风格，可在狭小的空间内进行施工。根据水池的大小，有时还可以加上水泵。

施工流程

1. 确定水池外形、大小，并挖掘沟槽
2. 铺设防水布，摆放石块
3. 栽种植物
4. 完成

使用的工具

- 施工工具：尖头铁锹、剪刀、手铲
- 清扫工具：笤帚、鬃毛刷

使用的材料

- 土（塘泥或河泥）、防水布（较厚的种类）、石块（大小不同尺寸）、植物

完成图

1 确定水池外形、大小，并挖掘沟槽

① 整理修筑水池区域的地面

结合庭院整体的景色，决定修筑水池的位置和大小，去除不必要的物品，整理地面。

要点

事先要确定后水池的深度，然后要挖掘比池深再深 10cm 左右的沟槽。

② 挖掘沟槽

考虑到水池周边铺设的石块的宽度，挖掘比计划的水池大小稍大的沟槽。

● 实例中防水布水池的构造

外部尺寸
挖掘沟槽
石块
防水布
深度
计划深度
+10cm
塘泥

断面图

2 铺设防水布，摆放石块

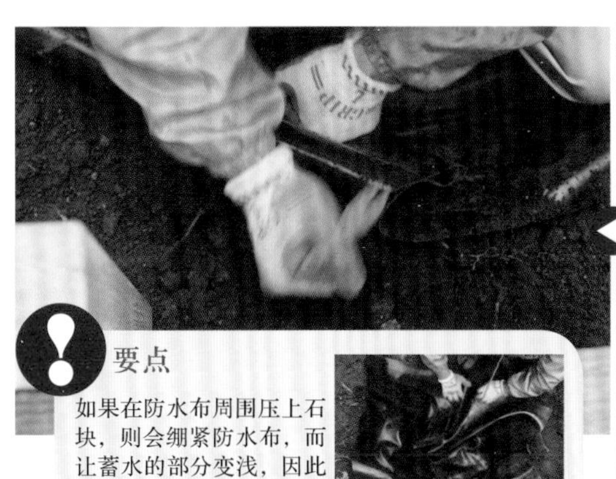

要点

如果在防水布周围压上石块，则会绷紧防水布，而让蓄水的部分变浅，因此铺设防水布时要松散一些。

1 铺设防水布

铺完防水布后，先用周围的土将防水布的边缘压紧。

2 将石块摆放排好

摆放时，不要简单地将大石块平铺，而是要将大小石块交替，或立放、平放进行组合。

要点

如果石块摆放不稳，则可以垫上更小的石块让其稳定。

石块之间的缝隙用土填满。

3 固定石块

在石块的外侧填土，并用棍棒等捣实固定。

留意点

谨防石块或棍棒等将防水布破坏。

石组造型完工！

3 栽种植物

❶ 在塑料布上填入泥土

栽种植物时还要再次填土，所以这时不要填太多。

❷ 整理外观

用泥土将小石块固定，打造出不同于人工池的自然景观。

要点

栽种时，为了固定种苗，在种植的过程中要不断在种苗周围填入土壤。

❸ 栽种植物

在池水较深的区域可以种植浮水植物，积水的斜面种植挺水植物，在水面部分或者石缝中可种植湿生植物。

4 完成

注水完工。

实例中栽种的植物

三白草、山梗菜、矮慈姑、千屈菜、灯芯草、香蒲、石菖蒲、鸢尾花

施工例

流泉池的施工

池水将周围的景色倒映其中，将庭院的立体感烘托出来。如果再增加流水的效果，潺潺的水流声将同时给人感官的享受，也让庭院更富于变化，变得更有妙趣。

施工流程

1. 整理施工场地的地面
2. 铺设防水布
3. 搭建池岸
4. 植被区域施工
5. 完成

使用的工具

- 施工工具：尖头铲、平地木板、锄头、剪刀、手铲、夯土器具
- 清扫工具：笤帚、鬃刷

使用的材料

- 防水布（较厚）、边界石、水泥、河沙、客土（培养土也可）

完成图

1 整理施工场地的地面

① 施工场地的地面整平

要整平大面积区域时，使用长条的木板会提高作业效率。

要点

在配合整体进行局部微调的时候，可以使用搓沙板。

② 重压地面

对地面施加重压，使其稳固。

2 铺设防水布

❶ 铺设防水布

铺设防水布时，要为边缘部分留出余量。

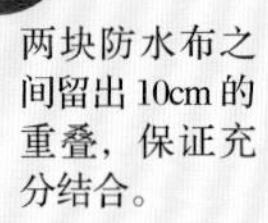

要点

两块防水布之间留出10cm的重叠，保证充分结合。

❷ 粘贴防水胶带

防水布充分结合后，粘贴防水胶带。

3 搭建池岸

❶ 设置边界石

保证设置位置水平的同时，铺设边界石。

❷ 边界石与防水布紧密结合

在边界石外侧，使用水泥填充缝隙，使其与防水布紧密结合。

专业人士的建议

微调时，可在边界石上铺放木片等敲击，以便让力分散。

❸ 处理边界石内侧

在边界石内侧、池底填入混凝土。

❹ 池岸完工

混凝土干燥之后，池岸施工完成。

4 植被区域施工

❶ 填入种植用土

在水池周边填入种植用土，打造植被栽种区。

5 完成

能为水景增添趣味的小物件

庭院中增设水景，会让人觉得心旷神怡。水流和池塘，为庭院增添变化与动感。打造真正的水池却是艰难的作业，所以也可购买成型的水池，埋入地下，轻松完成水池搭建。此外，还有水景饰物、立水栓、水龙头等丰富多彩的水景装饰物件。可以尝试利用这些物件来打造不同风格的庭院。

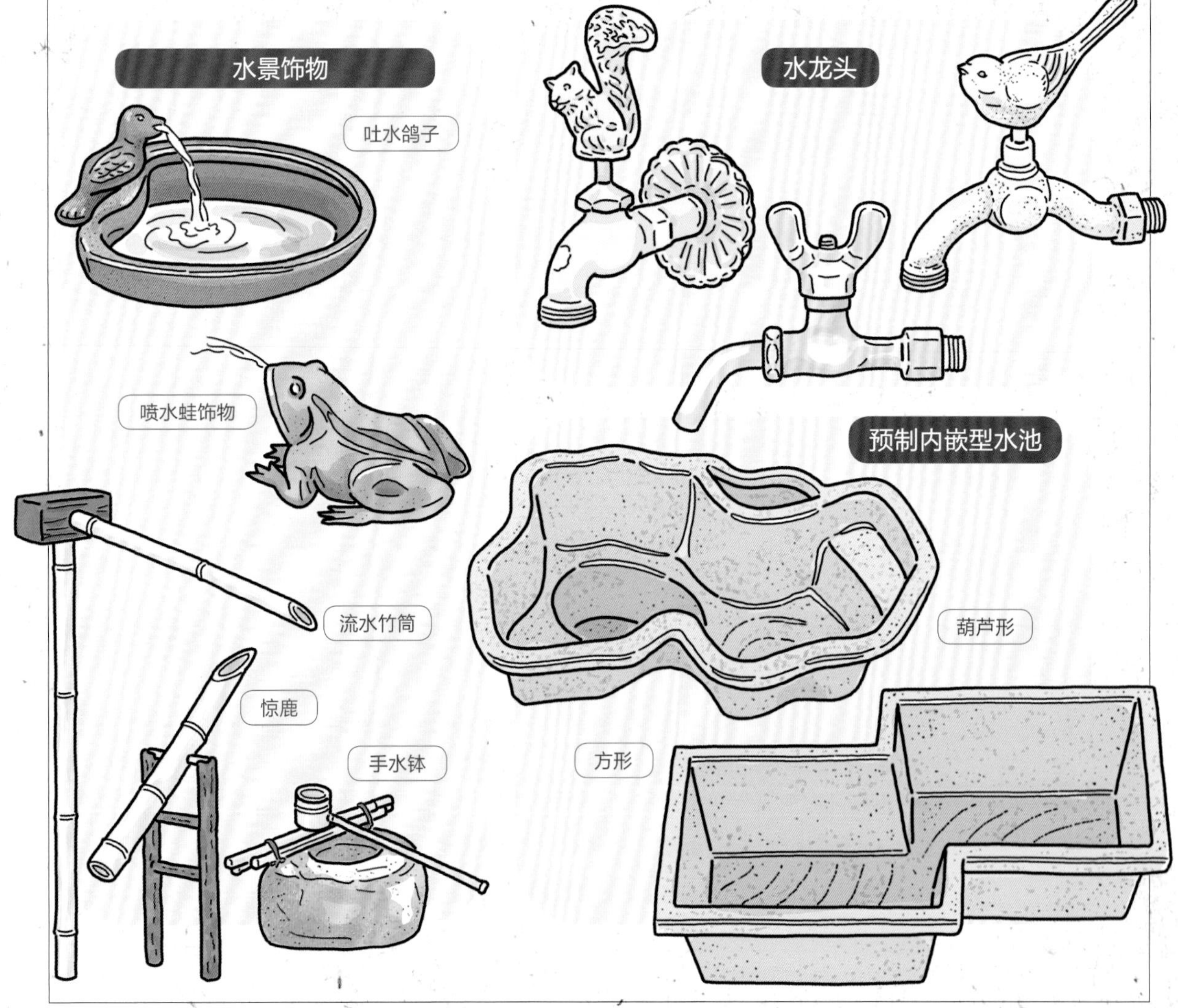

第 2 部分

造园 DIY 的基本技能

造园施工中的地面整平及基础施工

查看庭院的位置条件

在造园施工时，关键点在于对园地的面积与形状、园地周边环境、日照条件、通风、土质、给排水管道的位置等地理位置及环境条件的仔细考察。

1 考察施工场地

● 考察庭院的朝向和采光

日照条件很大程度上取决于建筑物的布局以及与邻家间的间距等，但也受到季节的影响。把握不同季节的日照时间很关键。同样还要考察通风条件。通风也会关系到栽种的树木和花草的生长情况，所以要尽量准确把握。

● 考察土壤与地形状况

有的土地，表面上看上去很好，但是若深挖则会发现混凝土碎渣或者瓦砾碎石等。一定要花时间将石头、混凝土碎片、树根等清除。最极端的情况下还不得不考虑将庭院的土全部替换为“客土”。但这种方法花费较高，因此尽量只在植物栽种区域换土或补土。

此外，还要检查土壤的肥力，是否为沙地、黏土质等。

● 给排水管道位置的确认

给排水管道、排污井和排水井等的位置和配管状态有时候无法改变，因此会影响到庭院的构造和植物栽种的位置，所以也要进行确认。

● 考察房屋周边的环境

需要考察与邻家之间的间距、围墙与道路间的关系，现有的树木和石材是否可以利用等庭院与房屋周边的环境条件，应当合理利用环境条件进行庭院造型。

在搭建房屋之初就开始策划庭院设计。

● 优质土与不良土

将土润湿后用力握紧。松开手后如果土结成块则保水性好，否则就含沙质较多，保水性不佳。

轻轻按压土块。如果土块散开，则为利于植物生长的团粒结构的优质土。如果不散开则为含黏土质多的单粒结构，透水性和透气性都不好。

● 施工场地的考察要点

2 地面整平与改良

● 利用肥沃的表土

如果在整顿住宅用地时发现原本拥有的优质表土并未流失，则可以在造园时将这些肥沃的表土转移到别的地方，造园施工后再将其与客土混合后回填使用。

● 利用现有的树木和花草

合理利用在现有土地、环境中生长的植物，是非常好的造园方法。尤其是树木和宿根植物，需要花许多年才能生长到自然状态。与其全部使用新购物件，不如尽量利用好已有的素材。

● 配制适合花草树木生长的土壤

对植物生长而言，土壤需要能适度保水，同时要透水性良好，且透气性要好，以利于根系的充分呼吸。被雨水淋浇后变得泥泞，干燥后板结的土壤不利于植物生长。

如果土质为沙质土或者黏性土，则可以加入腐叶土或堆肥、赤玉土、黑土等充分搅拌，改善土质。

3 去除瓦砾石块

建筑用地被挖土机等反复翻动，经常会出现下层的黏土和沙土等被翻到地表，而混凝土碎片等建筑垃圾则被埋入地下的情况。这些被埋入地下的石块、混凝土碎片和树根等被统称“碎渣”。

造园时的地面整平施工，首先要去除碎渣。虽然这项作业需要花费精力与时间，相当艰辛，但是如果省略则无法完成造园。在这一步作业上细致和用心，会让后续的作业变得更加顺畅。不只是新造的房屋在造园时需要这项作业，在长时间没有植被生长的场地造园时，也必须进行这项作业。

实例

基础土方筛选清理

这是造园施工一开始需要进行的重要作业。即使很繁琐，也要去除土中的碎渣，保证后续作业顺利进行。

❶ 除了建筑废料与大的石块之外，还要在整平地面的同时，将埋在土中的石子和树根等杂物仔细去除。

❷ 对于长得很大的杂草，草根不要残留。

❸ 用筛子等将小的石子等去除。

❹ 用钉耙平整地表，将细小的杂质去除。

4 杂草的处理

杂草会抢夺庭院植物的养分和水分，杂草肆虐会造成通风和日照不良，而且容易变成病虫害的发生源。如果放任不管则会逐年蔓延。虽然可以使用除草剂，但尽量不要使用农药，可以用镰刀或者徒手将杂草连根去除，这样对周边的环境也有益处。

一般说来杂草生长速度很快，如果大肆蔓延则很难处理。抑制杂草的诀窍在其还未长大的时候就要不断地拔除。其中，日照条件良好位置的草坪，也要做好杂草的管理。

与农地等相比，草坪中的杂草相对较少见，但也有 70 种左右。要保持草坪的美观，平时的除草作业十分重要。

5 地面整平

庭院分为布景观赏庭院、草坪庭院、栽种花草树木的庭院、供孩童游玩嬉戏的庭院、种植蔬菜和果树的庭院等，要建造这些用途各异的庭院，则需要在清除碎渣后进行地面整平作业。

通过整平作业，可以更易对排水不良的区域设置排水用的斜面，花草树木的生长也会更好。此外，铺装园路和小径、设置露台、庭院家具等作业也会变得更轻松，而且完工后也更加整洁美观。

实例 草坪的除草

要让草坪一直保持美观状态，除草作业十分重要。要趁着杂草没有长大和蔓延，将其连根拔除。

❶ 使用镰刀

将镰刀的刀尖插入杂草根部，将其连根割断。

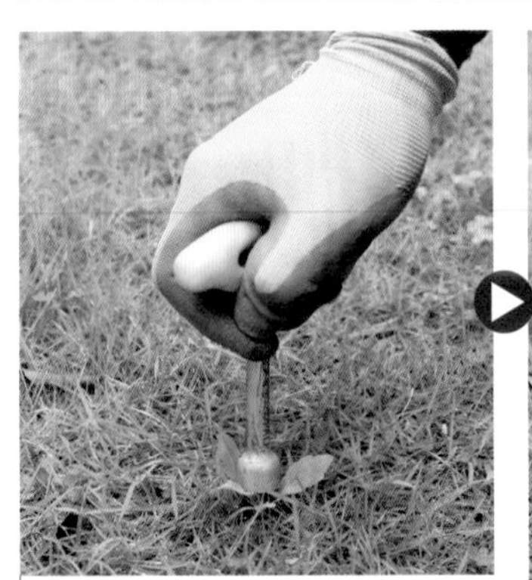

❷ 使用草坪专用的除草器。

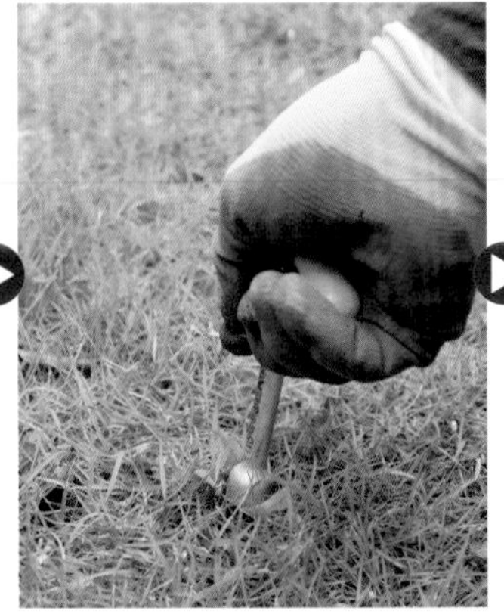

从杂草的上方插入除草器。

拔出时转动除草器，将杂草连根拔起。

实例 地面整平作业

地面整平作业关系到庭院完工的效果。要根据预想的效果仔细做好地面整平。

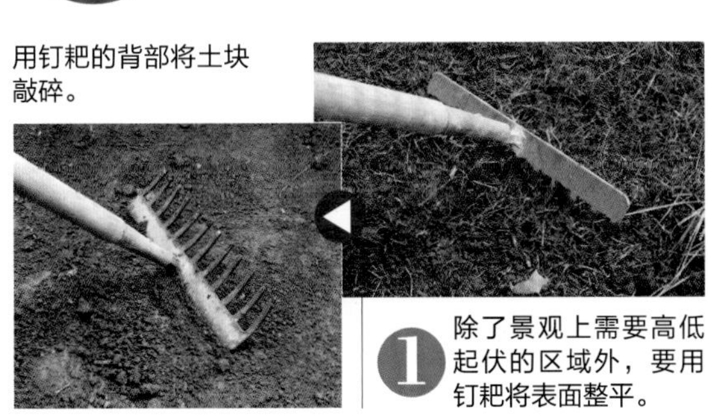

用钉耙的背部将土块敲碎。

❶ 除了景观上需要高低起伏的区域外，要用钉耙将表面整平。

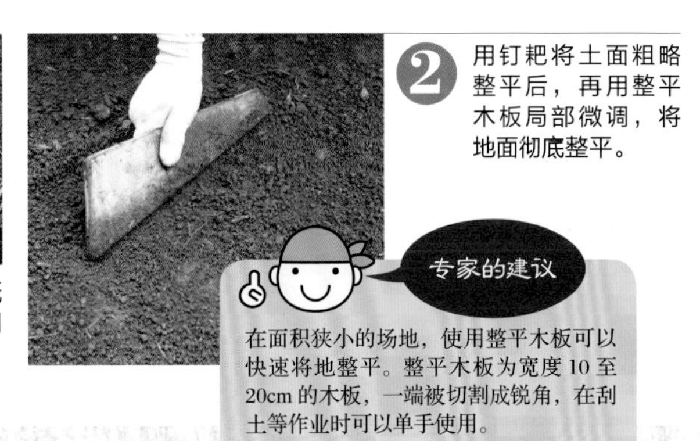

❷ 用钉耙将土面粗略整平后，再用整平木板局部微调，将地面彻底整平。

专家的建议

在面积狭小的场地，使用整平木板可以快速将地整平。整平木板为宽度10至20cm的木板，一端被切割成锐角，在刮土等作业时可以单手使用。

施工例

要让草坪一直保持美观状态，除草作业十分重要。要趁着杂草没有长大和蔓延，将其连根拔除。

配制适宜植物生长的土壤

1 翻动土层，进行土表的整平作业

❶ 将土至少挖深30cm，然后仔细翻起。此时一边除去石块和树根等杂物，一边观察土壤的状况。

❷ 用钉耙将土整平，进一步去除里面的小石子等杂物，并敲碎土块，使表面平整。

2 配制土壤

❶ 将土表整平后，在其上铺满腐熟的腐叶土和堆肥。

❷ 为保证通气性和排水性，在其上适量撒上硅酸盐白土。

❸ 将土充分混合后用钉耙整平，完成作业。这样就完成了树木和花草种植场地的准备。

专业人士的建议

硅酸盐白土具有浸水后会膨胀、干燥后会收缩的特性，因此可作为透水性差的黏土和排水性太强的沙土的土壤改良剂。

造园用砂浆配制与混凝土浇筑作业

水泥与混凝土的功能

砂浆和混凝土两者对于造园而言都是必不可少的素材，还常用于修筑池塘、露台、砖块砌筑花坛、石材铺平等。混凝土则用于修筑建筑物的基础和停车位等对强度要求比较高的场所。

砂浆强度不如混凝土，除了用作叠砌砖块时的粘接剂之外，还可涂抹在混凝土的墙面上用作美化。

砂浆和混凝土都以水泥为基材。砂浆为河沙、水泥与水混合而成，在其中加上碎石便成了混凝土。

如果混凝土没有搅拌均匀，则沙子和碎石会分层导致不均匀，强度会变弱。混凝土充分搅拌均匀后要尽快浇注。搅拌均匀的混凝土如果放置一段时间再次加水搅拌，则会造成强度下降，因此要尽量避免。

● 水泥与沙子的比例

水泥呈粉末状，一般都是成袋包装。家装用品市场等出售的水泥一般都是“波特兰水泥”。波特兰水泥是粉碎成粉末状的石灰石与黏土、氧化铁等混合而成的粉末，遇水会变凝固。

水泥与水混合会产生化学反应（水合反应），随时间增加而变硬，强度也会增加，最适合的水量为35%。也可以根据用途来调整加水量。

● 水泥与沙子、碎石和水的比例

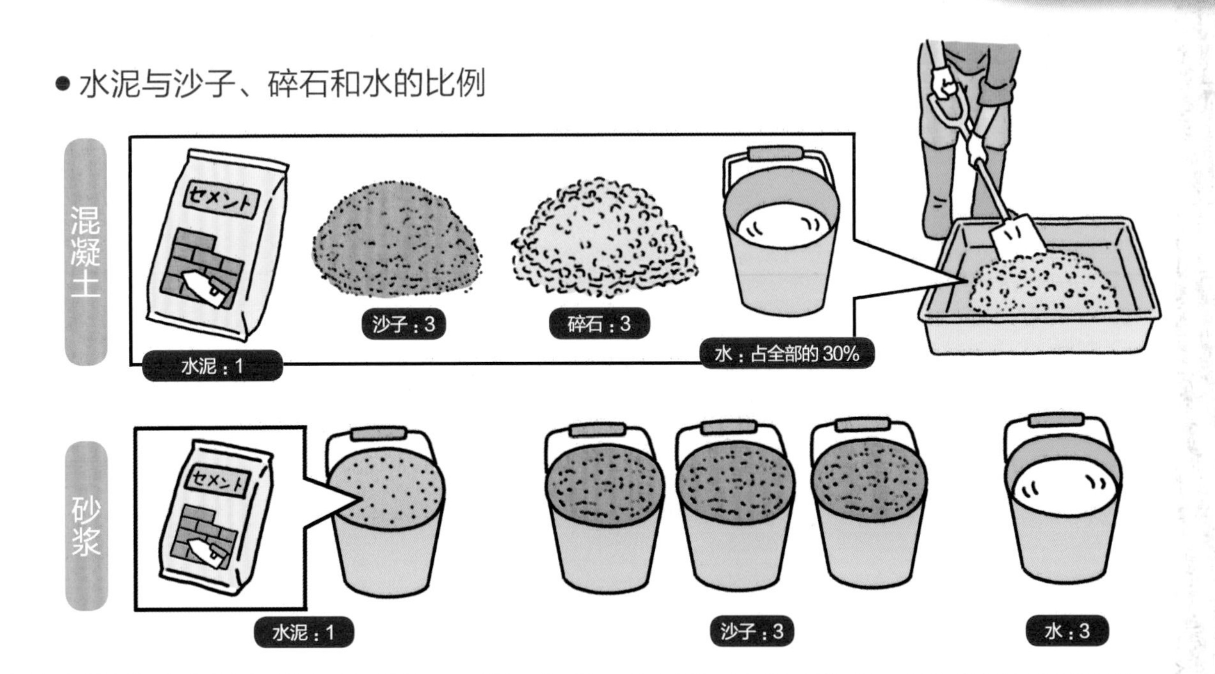

砂浆和水泥的配制方法

1 水泥与沙子的干拌

搅拌水泥会让双手变得粗糙，因此要戴上橡胶手套进行作业。如果使用拌浆桶等专用容器或器具会让作业变得更轻松，如果家用则水桶和铲子就可以了。

在容器内放入合适配比的水泥和沙子，用铲子等充分混合均匀。最开始的搅拌称为“干拌”。配制混凝土要在此时加入碎石并进一步搅拌均匀。

2 加水搅拌均匀

加水的同时要充分搅拌，这一步称为“湿拌”。要点是慢慢加水并充分搅拌。容器底部的部分不容易混合，因此要一边上翻一边搅拌。

搅拌方式与硬度（砂浆搅拌的基础）

配制砂浆的标准是水泥和沙比例为 1 比 3。水泥过多可能会造成表面开裂，相反过少则会造成强度和粘接力下降，应当注意。

砂浆以达到人体耳垂相当的硬度为宜。砂浆湿拌之后用铲子铲起，如果倾斜铲子砂浆流淌下滴则说明过软。砂浆不往下滴为宜，如果过软则需要加入沙子重新拌匀。此外，一次不要配制过多的砂浆，而是在作业过程中根据需要随时配制。

还有价格稍贵、预先配制好的水泥和沙子，只需要加水搅拌即可使用的“干混砂浆”等，使用起来很方便。这些都可以在家装用品市场等地方进行购买。

1 在拌浆桶或水桶中加入水泥和沙子，用铲子等进行干拌后，慢慢加水搅拌。

2 搅拌至硬度与人体耳垂相当时，用铲子挖起。

3 用于砌筑砖墙的砂浆，硬度以倾斜铲子也不会下落为宜。

要充分进行湿拌，还需要根据天气和沙子的干湿程度来调整加水量。用作粘接的时候搅拌得偏硬一点，要进行浇注造型时可以搅拌得软一些，以方便作业为宜。

3 使用完毕后收拾工具

搅拌器具和铲子使用之后，要趁水泥和砂浆干燥之前，用洗车的喷头等尽快冲洗干净。

水泥具有遇水凝固的特性，如果水泥被冲到排水沟中则可能会造成排水管堵塞。因此，要在庭院的角落等不会造成影响的区域，挖坑进行冲洗。

此外，冲洗后的用具要在干燥后喷涂防锈剂。

拌制砂浆

❶ 倒入水泥，并放入沙子。

❷ 用方形铁铲将水泥和沙子充分搅拌。

市面有预先将水泥与沙子拌匀，只需加水即可使用的家庭用干混砂浆出售。充分搅拌是保证良好使用效果的要点。

❸ 砂浆搅拌完成。混凝土和砂浆配制的时候，要慢慢加水，并从底部充分翻动拌匀。

● 拌制混凝土

拌制混凝土时，在②中的水泥和沙子拌匀后加入碎石，然后继续干拌。

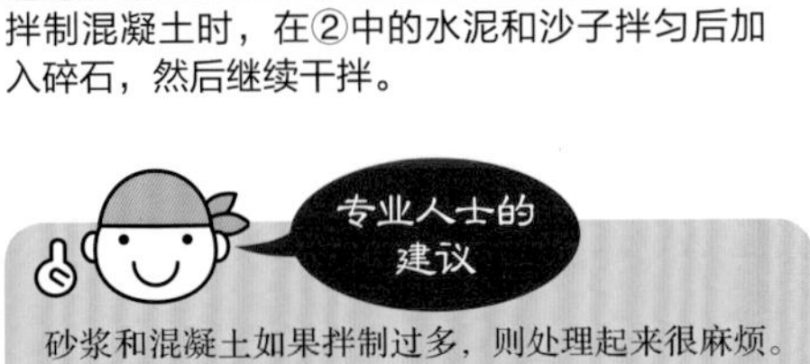

砂浆和混凝土如果拌制过多，则处理起来很麻烦。要按需求进行拌制。

● 用具使用完毕后的清理

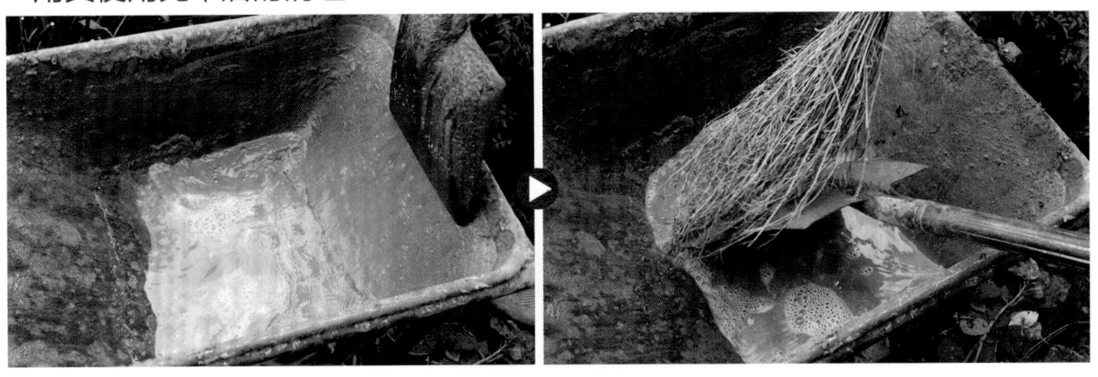
在用具上的混凝土尚未凝固的时候用水冲洗，并在庭院的角落等位置挖坑，让冲洗的水流入其中。

抹泥刀的种类和使用方法

在使用混凝土和砂浆进行作业的时候，有些工具必不可少。不同的作业需要不同的工具，比如使用砂浆砌筑砖墙时，抹泥刀就必不可少。因为有的抹泥刀很便宜，所以可以准备不同种类。

● 各种抹泥刀

■桃形抹泥刀：用于搅拌砂浆和盛放砂浆。为了可以盛放更多砂浆而被设计成带有圆弧的心形，也可以用于替代泥瓦工用的搓沙板。如果每次盛放一定量的砂浆，则在填缝时可节省调整的时间，让作业更顺畅。

桃形抹泥刀分为大、中、小三种类型，其中手掌大小的类型使用最为方便。

■勾缝抹泥刀：铺砌砖块和混凝土块时，用在接缝中填充砂浆、抹平砂浆、刮除砂浆以及填缝整平的呈条状的抹泥刀。可以根据接缝的宽度选择不同类型，但 9mm 宽为最基本类型。为了方便进行精细作业可以选择较长的类型，如果过长则可以用砂轮切断。

■尖头抹泥刀：为了刀尖与混凝土块长度匹配而设计成三角形的抹泥刀。可以盛放定量的砂浆，也能进行美观的勾填缝作业。不只是在铺砌混凝土块时有用，铺设砖块时也能派上用场。中等尺寸的类型为宜。

■其他类型抹泥刀：在抹平砂浆、涂抹砂浆时还会用到船形的木制抹泥刀。抹泥刀的刀尖部分为木制，使用轻便。浸水后使用，可让砂浆表面更加平滑。

● 抹泥刀的种类

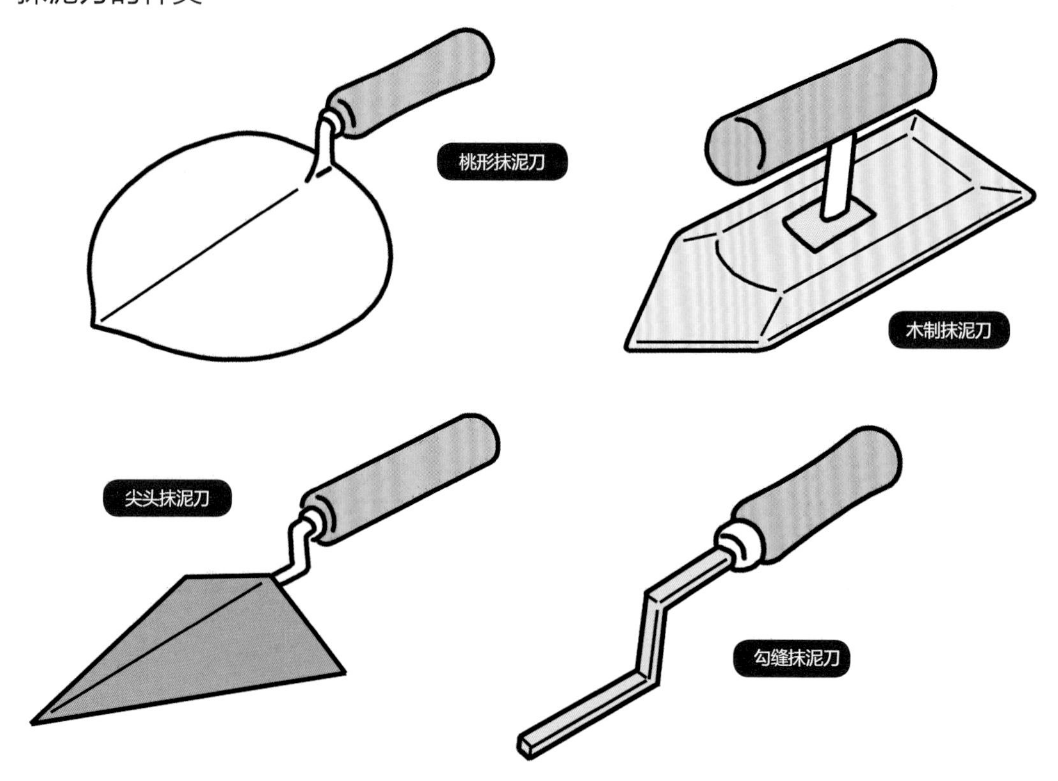

●抹泥刀的使用方法

用尖头抹泥刀涂抹墙壁

将抹泥板上盛放的砂浆转移到抹泥刀背面，然后从下往上进行涂抹。

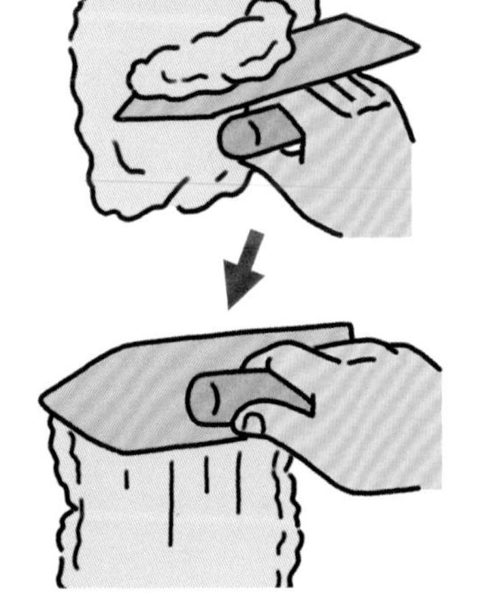

用桃形抹泥刀砌筑砖墙

每次挖取等量的砂浆，并将其涂抹在砖块的表面。

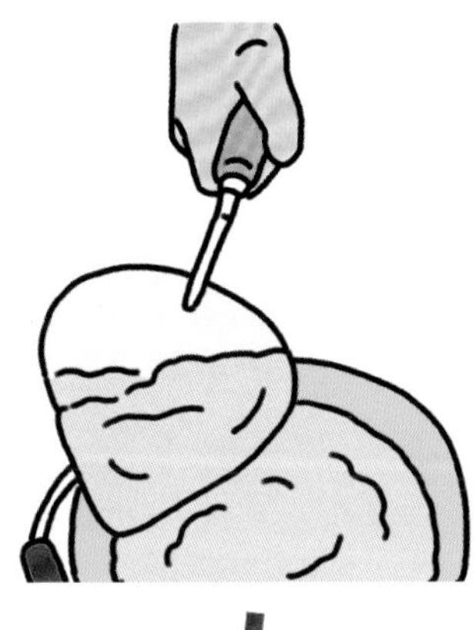

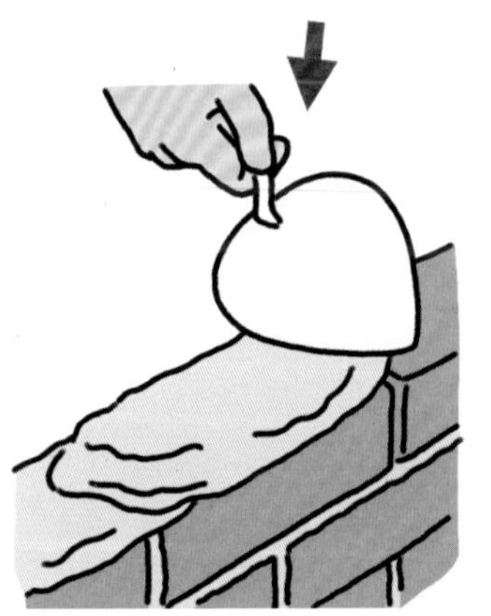

用勾缝抹泥刀调整填缝

将挤压出来的砂浆去除（上），并按压填缝处使其结合紧密（下）。

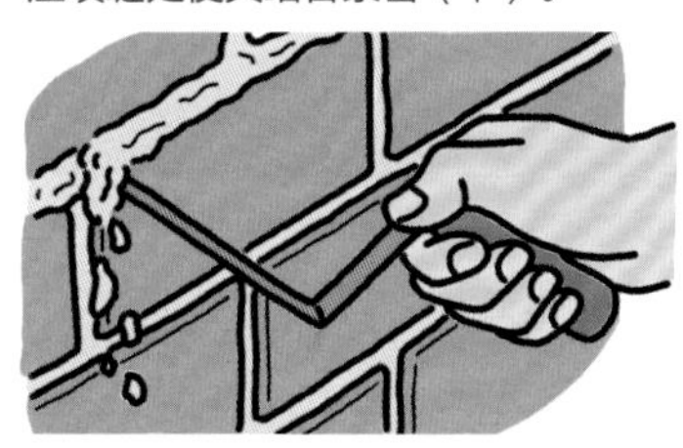

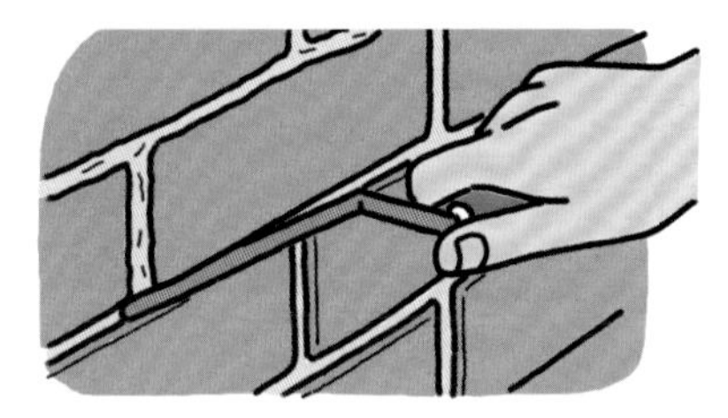

使用滚筒

如果要大面积涂抹砂浆，则可使用滚筒提高作业效率。

用塑料袋替代抹泥刀

在进行少量砌砖作业时，如果没有抹泥刀等专用工具，也可以用较厚的塑料袋来替代。

按照制作蛋糕时挤奶油一样的流程将砂浆挤出。将砂浆调制得偏软一些会让作业更方便。

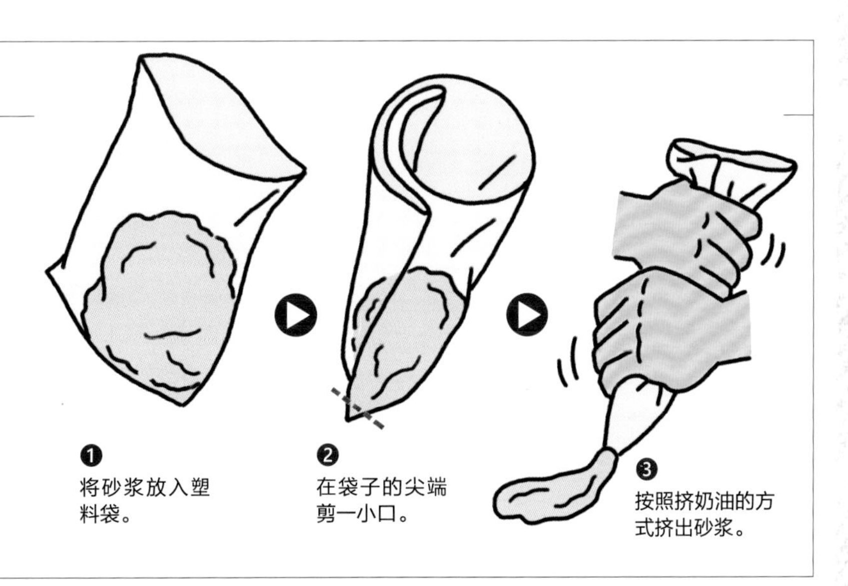

❶ 将砂浆放入塑料袋。

❷ 在袋子的尖端剪一小口。

❸ 按照挤奶油的方式挤出砂浆。

造园过程中的木工作业

庭院是另一个起居室。可以动手打造桌子、椅子等，为庭院生活增添更多乐趣。

手作木工让庭院更增美感

造园不仅仅是种植花草、用砖块砌筑花坛、铺设园路和露台。将庭院建成另一个起居室，则可以在草坪和露台之中安置长椅和桌子，呼朋唤友，其乐融融。

市面上虽然有造型精致的椅子和桌子的成品出售，但如果在露天环境中使用稍带粗糙感的手作，就会更具有乐趣。

即便不是木栈平台和庭院家具（供庭院休憩使用的椅子和桌子）等大型的物件，手作木工也能体验木材的温润和手工的乐趣。手作木工可以从为乏味的塑料花盆制作遮罩、制作方形的种植箱等简单的物件开始。

根据摆放场所和种植的植物类别进行涂装，会更增美感。手作的质朴韵味会让司空见惯的植物更加光彩夺目、生机勃勃。

设计构思

决定了要制作的物件之后，首先，要考虑尺寸、外观、使用便利程度、摆放位置等，并绘制简单的草图。其次，要具体地考虑最合适的材料和制作方法。

● 作业开始前需要考虑的事情

■**功能性：**椅子和桌子、长椅等庭院家具的便利性固然非常重要，但如果尺寸过于高大则容易让庭院显得狭窄。不妨选择稍微低矮的并兼顾实用性的造型。

■**外观：**根据自己的创意来决定色彩和外观等，为庭院增添美观与趣味。

■**加工方法：**加工方法有多种。其中之一为利用家装市场的服务，且结合自身的技术水平来进行衡量。

■**材料：**木材的种类繁多，甚至会让人不知如何选择，因此要结合风格和加工难易程度、预算等来挑选材料。

■**成本：**材料要花费多少成本，自己可以接受多少成本等，要提前计算大致的金额。

■**构造：**不同的材料强度也会不同，因此要根据材料改变搭建的方式。

材料选择

从桌子、椅子、木栈平台、棚架、格栅围篱，直到木制的花箱等，这些为庭院增添趣味的各种物件都可以手工制作。在制作时，要制订计划，挑选材料。比如制作某个物件可以选某种材料、采用某种风格，利用某种材料、采用某种方法则可以制作某个物件等。

然而，手工用具店里有各种各样的木材，购买什么样的木材往往令人迷惑。有经过刨削加工的木材，也有表面未经处理的廉价原材，还有胶合板等人工材，我们可以根据制作的物件和用途、预算等来进行挑选。

在外形简洁的花箱中种植迷你向日葵。

● 标准材质的尺寸

标示尺寸	实际尺寸
2×4	38mm×89mm
2×6	38mm×140mm
2×8	38mm×184mm
2×10	38mm×235mm
2×12	38mm×286mm

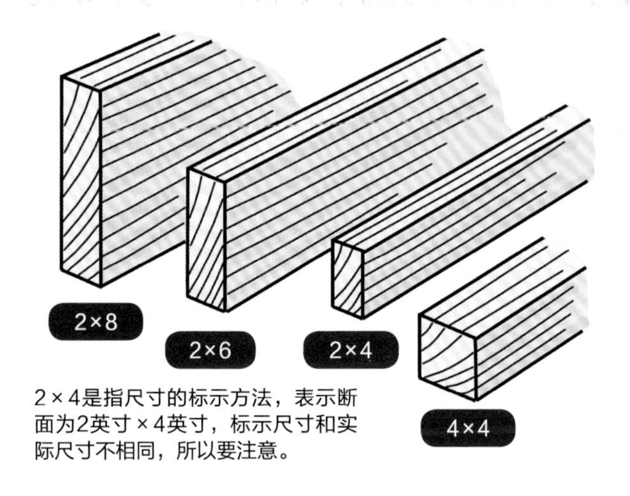

2×4是指尺寸的标示方法，表示断面为2英寸×4英寸，标示尺寸和实际尺寸不相同，所以要注意。

● 各种类别的木材

■ SPF 规格材：SPF 规格材是指标准化尺寸的建筑用材。这是起源于美国的施工方法，合理地涵盖了标准，适用于西式土木结构的住宅建筑。由于材料的宽度和厚度已定好，因此使用方便，施工高效。

材料表面多经过刨削处理，因此可以省去刨削的工序。流通很广，属于容易购买的建筑用材。

SPF 规格材在造园中可用于搭建围篱。不必涂抹防腐剂，但需要进行表面涂装。价格比杉木和松木要贵。

■实木材：也称为无垢材、原木材，是指尚未经过加工的原生木板材。带有木材本来的韵味，但尺寸受限，且价格昂贵。其缺点是干燥后会收缩，容易产生翘曲和开裂。

■集成材：用木方和板材拼合而成的大型木方和板材。既可发挥原生材料的优点，又可掩饰其缺点的人工材料。

集成材集成了木材的优质部分黏接而成，因此具有良好耐久性、变形很小、强度高的优点。

集成材价格低廉，但黏接剂中有时会含有甲醛等对人体有害的物质，挑选的时候有必要仔细确认。

■胶合板：将奇数张的薄板材，各自按照不同的纤维方向叠合黏接而成的板材。温度和湿度变化造成的变形很小，强度高、价格低廉，因此很常用。

胶合板分为特级到 3 级共 4 个等级（中国分为优秀、一等、合格三个级别，译者注），其中最好的是特级。要选择可满足要制作的物件品质的种类。

■抛光加工材：表面经过打磨抛光后的板材被称为抛光加工材。木纹很美观，加工也容易，但如果没有完全干燥则容易出现翘曲。

与 2 英寸 ×4 英寸规格材不同，还有厚 33mm× 宽 33mm、厚 33mm× 宽 70mm 等不同类别。

实例 利用曲尺进行测量的方法

曲尺对准确测量而言必不可少。使用的要点是，将曲尺的长边贴近被测材料进行测量。

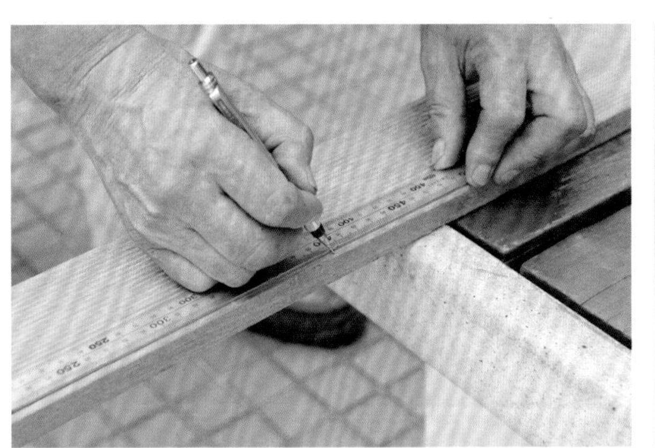

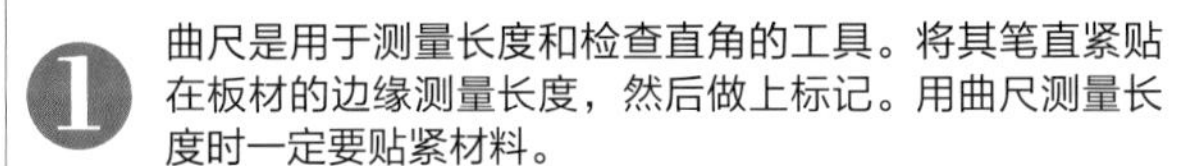

❶ 曲尺是用于测量长度和检查直角的工具。将其笔直紧贴在板材的边缘测量长度，然后做上标记。用曲尺测量长度时一定要贴紧材料。

❷ 在切断位置做上标记。用硬质笔芯的削尖的铅笔，保持固定角度，紧贴曲尺，一次画线。

实例 固定方法

为了按照尺寸将木板切断，则必须要将其固定。使用夹具可将木板固定。

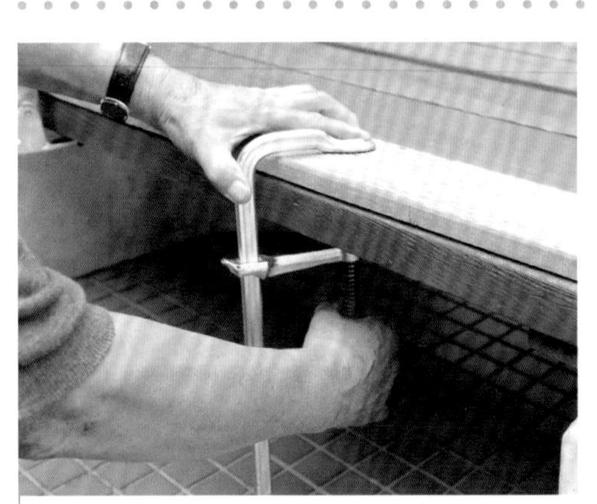

❶ 用夹具将木板固定在作业台上。将板材夹住再拧紧螺栓进行固定的夹具类型可单手操作。

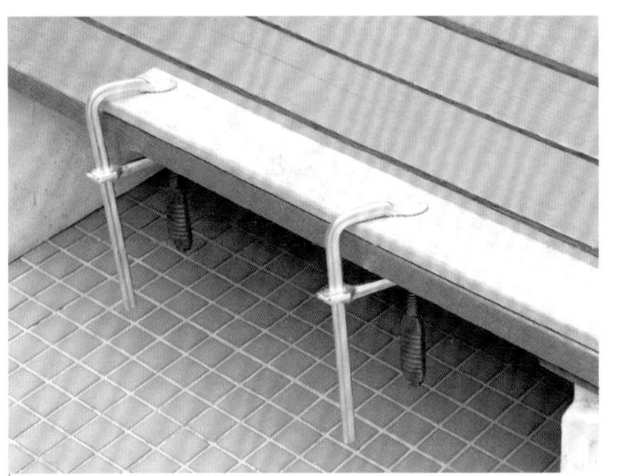

❷ 木板过长时，可以在两处进行固定，使其更稳定。

“木工的基本作业”6种技能

1 测量

好作品的关键是准确的尺寸测量。首先，要按照设计图纸用曲尺或者卷尺进行尺寸测量，并在板材上做好标记。用非惯用手握持曲尺长边的中央部分，使用卷尺时，将其端部勾住木材的端部。两者都要笔直靠紧木材。接下来开始作业。

2 固定

如果作业过程中受到外力，只用手按压会造成木板移动的话，这时就算测量准确也没有意义。为了沿着标记切割，要用夹具等固定工具将板材或木板固定住。

通过固定，可以让我们在切割或者刨削作业时能够集中注意力，从而提高效率，让作业过程更加安全。

3 切断

切割分为直线切割、曲线切割、切割圆孔等，种类多样，但基本操作就是用锯子笔直切割。考虑到锯子的切缝（2 ～ 3mm），在铅笔标记线外侧进行切割，不把线切掉为宜。

先慢慢切开小缝，然后让锯子的刀刃与标记线呈一条直线、平稳地切割。要注意，如果过于用力则可能导致切缝偏离标记线。为了避免偏离，也可以采用垫辅助板进行切割的方法。

对于锯子难以切割的部位，则可以利用电锯。用电锯可以快速进行曲线切割、开圆孔。圆盘电锯在切割体积较大的木材时比较便利，但对初学者来说比较危险，因此要不断练习后再使用。电动工具固然便利，但使用时一定要小心。

利用辅助板固定的切割方法

辅助板可以作为笔直切割的引导，在切割较宽的板材时非常有用。即使初学者，采用这种方法也不会失败。

❶ 将曲尺垂直紧贴铅笔标记线外侧。

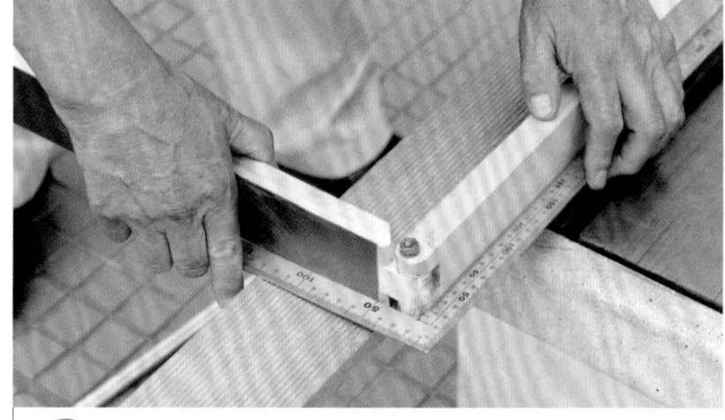

❷ 在曲尺的内侧垫上辅助板。

❸ 用夹具将辅助板固定。

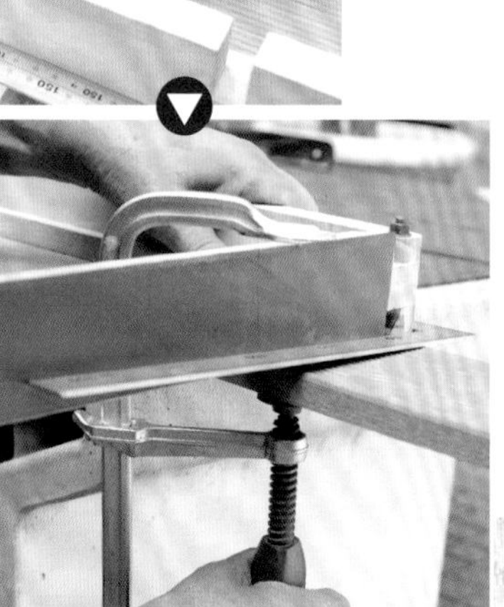

❹ 锯子的刃部呈30° 左右的角度，沿辅助板进行切割。

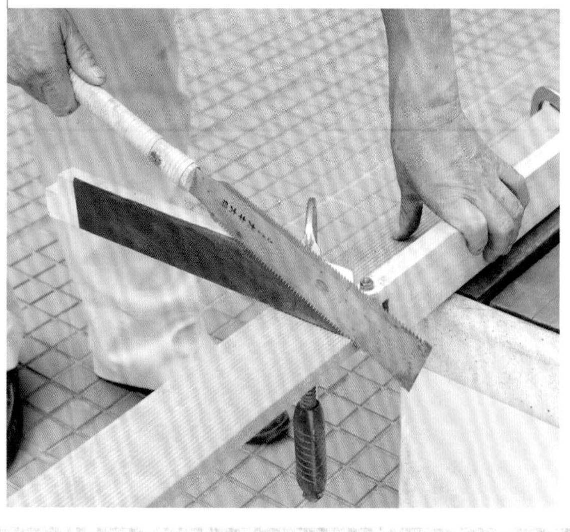

不使用辅助板进行切割的方法

不借助辅助板来进行直线切割有些困难，但起初慢慢切割，后面就可以用锯子进行引导切割。

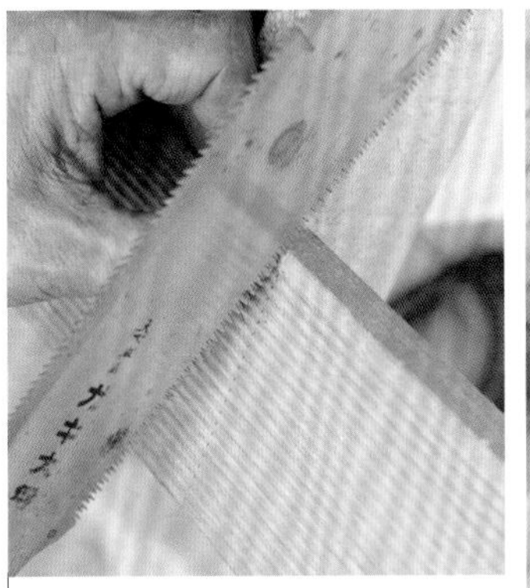

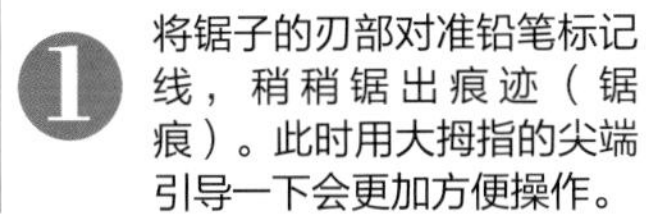

❶ 将锯子的刃部对准铅笔标记线，稍稍锯出痕迹（锯痕）。此时用大拇指的尖端引导一下会更加方便操作。

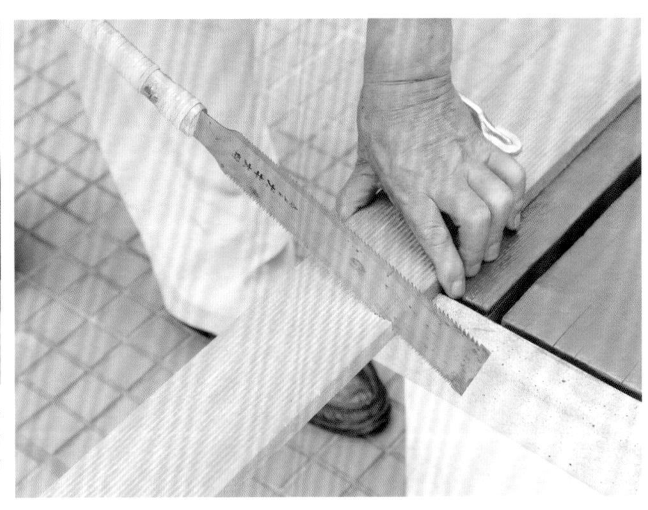

❷ 缓慢开始切割。从上往下望去保证锯子的刃部和铅笔标记线呈一条直线，平稳切割。

专业人士的建议

日本的手锯在切割时要往面前拉近。因此，手锯在前后移动过程中，拉近时要用力下按，往远处推送时要放松。

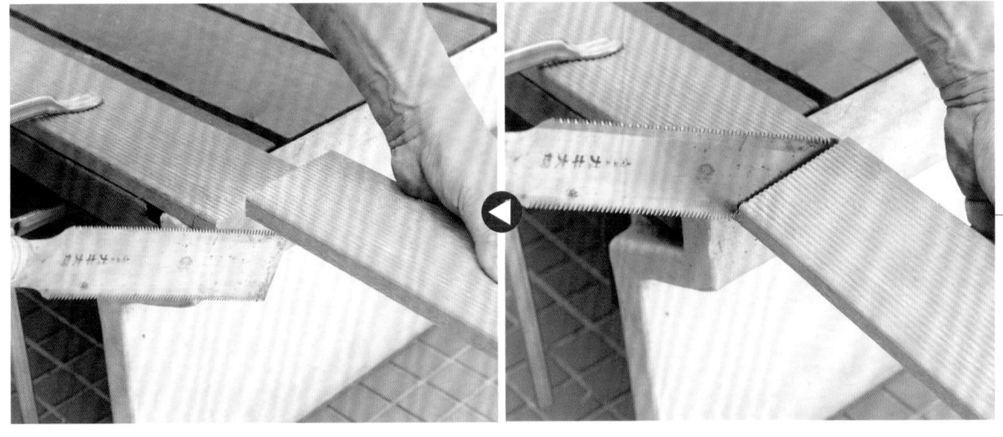

❸ 如果切割完毕后的板材掉落，可能会折断，因此要用手握住，防止受损。

实例

使用电锯进行切割的方法

使用最广的电锯为电圆锯和电链锯。直线切割时，电圆锯比电链锯更合适，但电链锯比电圆锯安全性更高，而且使用更简单。如果用量角器等作为引导，也可以进行美观直线的切割。电锯使用时一定要十分小心。

● 电圆锯的使用方法

按住电圆锯的主体，用手握住把手并按压进行切割。

将凹陷部位的刀锋（刃部）对准铅笔标记线部位进行切割。

专业人士的建议

电线卷曲缠绕会造成电压下降。即使在电源附近作业，也必须把电线卷盘中的电线全部拉出。

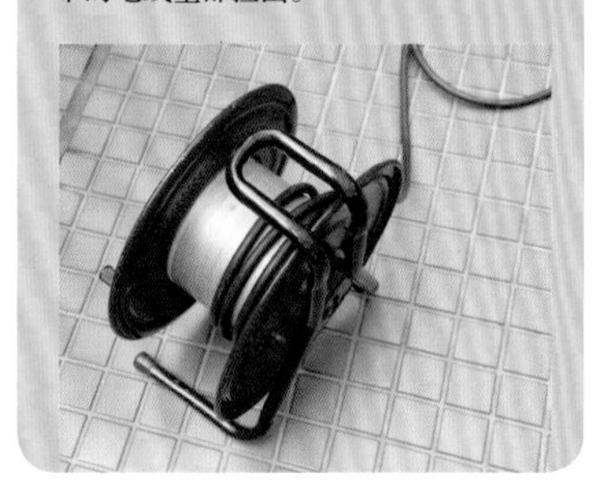

● 电链锯的使用方法

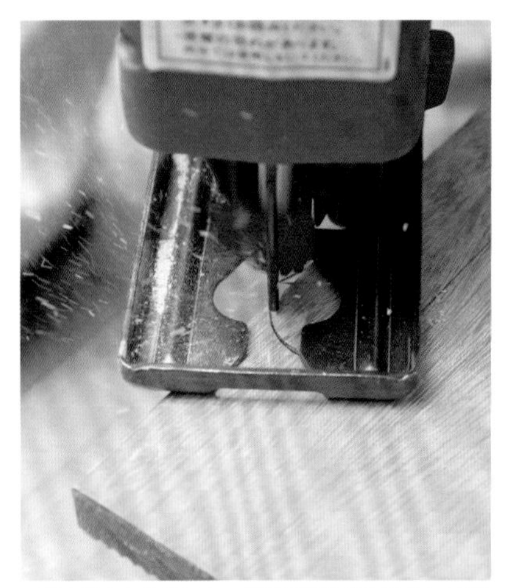

切割短小曲线时，可选用曲线切割专用的刀刃。

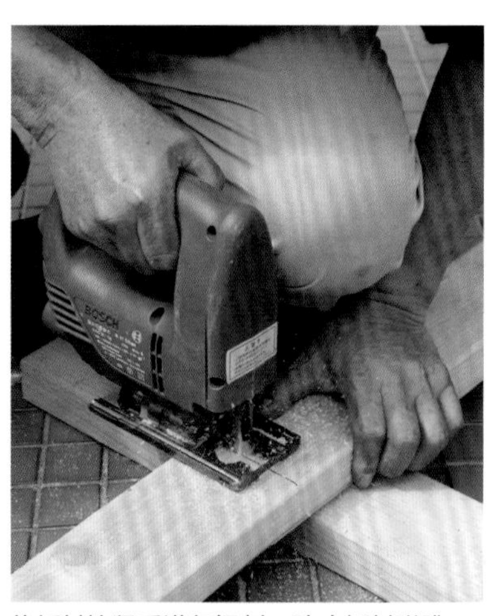

将板材按紧后进行切割，防止板材弹跳。

根据用途来选择刀刃。

4 开孔、雕刻

将按照尺寸切割好的材料进行组装之前，还需要用手钻、电钻、修边机、凿子等进行开孔或者凿刻榫卯。

开孔看起来简单，但要想准确美观地开孔却需要忍耐力和注意力。使用电钻，则可以准确地开出同样尺寸的孔，让作业变得轻松。

在较硬的材料中钉入钉子或拧入螺丝时，要事先开孔，这叫作“开底孔”。开底孔可以防止木材开裂，也可以提高打钉子的作业效率。另外，在开底孔过程中，要用夹具进行固定，防止木材移动或晃动。

5 刨削、打磨

加工的最后步骤为使用砂纸、砂轮、角磨机等对材料表面进行刨削打磨。材料表面经打磨后，手感和外观都会提升，涂料也更容易附着。

开孔的方法

如果直接往木材里面钉入螺钉，则可能造成木材开裂，因此要事先开底孔。垂直开孔是关键。

❶ 握紧电钻，避免其晃动。作业过程中要经常确认钻头的垂直。

❷ 让钻头尖端对准开孔部位，低速旋转，开始钻孔。

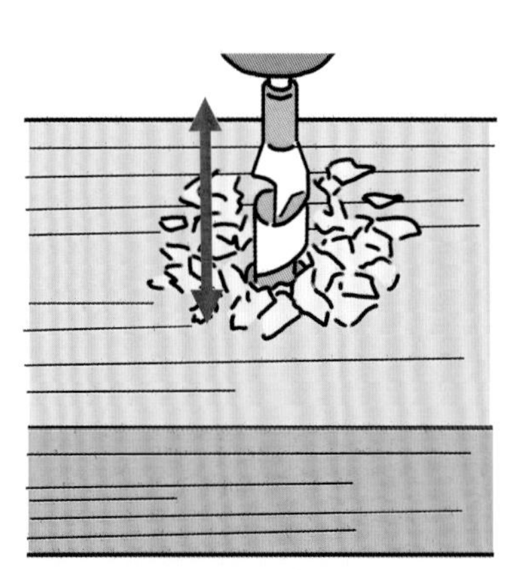

❸ 木屑堵塞钻头后会造成运转不良，要在钻头转动时上下移动，将木屑取出。

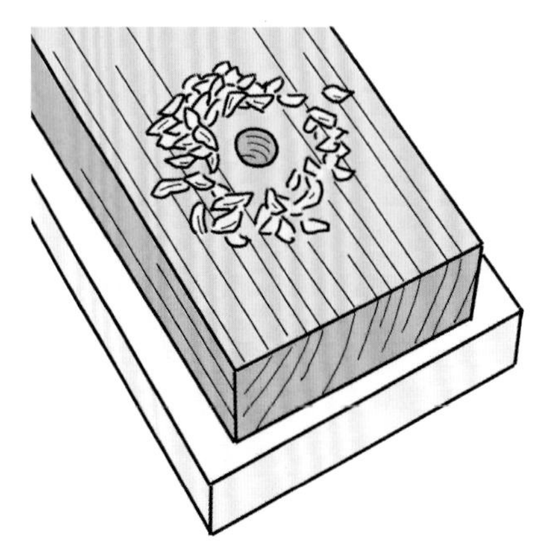

❹ 当孔穴钻透的时候会发生震动，因此快要结束时要用双手握稳电钻。

实例 对粗糙表面打磨的方法

粗糙表面的光滑处理，对木工作业而言是必不可少的工序。可以用砂纸沿着木纹进行打磨。

● 砂纸的使用方法

❶ 准备好夹持砂纸的夹块（也可用木块）

❷ 参照夹块的宽度，裁剪砂纸。

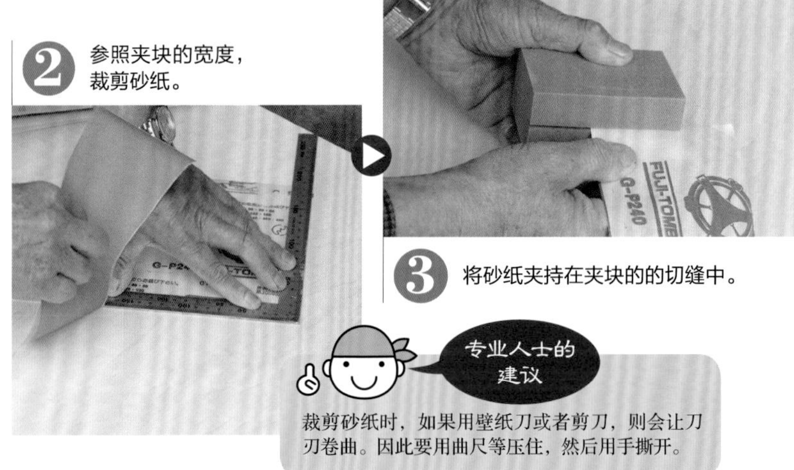

❸ 将砂纸夹持在夹块的的切缝中。

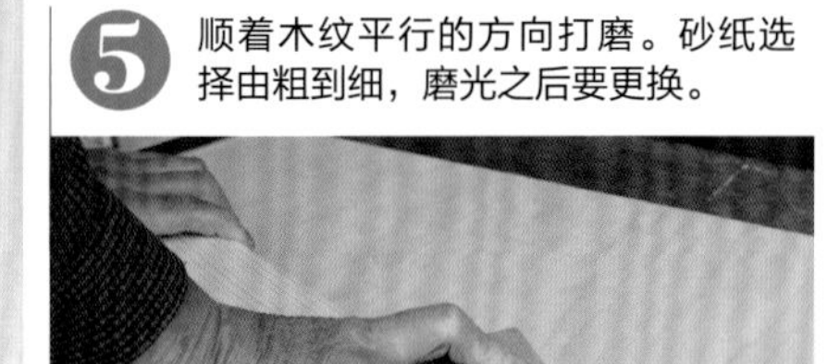

裁剪砂纸时，如果用壁纸刀或者剪刀，则会让刀刃卷曲。因此要用曲尺等压住，然后用手撕开。

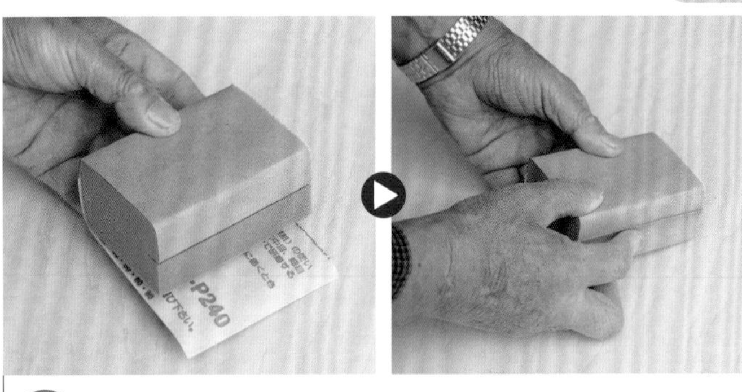

❹ 将砂纸宽度参照夹块进行调整后折叠，并卷起来。

❺ 顺着木纹平行的方向打磨。砂纸选择由粗到细，磨光之后要更换。

砂纸

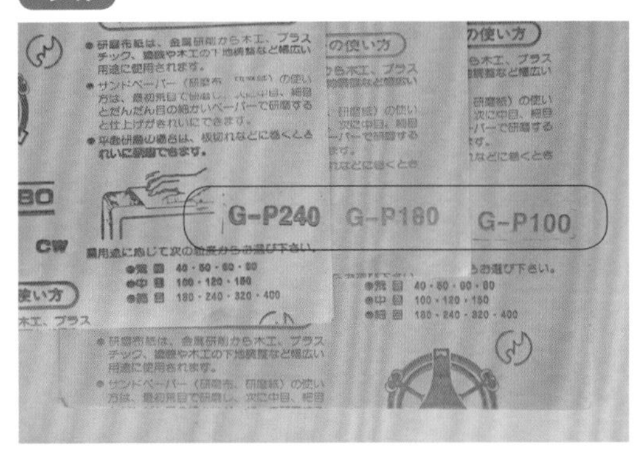

数字从小到大，砂纸越来越细。

电动打磨机（砂轮）

打磨时可以分两个阶段，分别使用粗粒度和细粒度的砂纸。

尺寸进行微调时，也可使用凿子稍微刨削，让结合面匹配更好。此外，收尾有时也会打磨材料的棱角，进行“倒角”处理。

6 连接

加工好的材料用螺钉（螺栓）、钉子或粘接剂等进行连接和组装，要保证牢固的连接，钉子的长度须达到木材厚度的3倍。要选择木工专用的粘接剂，先整体涂上薄层，然后试组装后用铁钉或螺栓进行固定，这样可以减少失败的机率。

如今，用螺钉取代钉子进行连接的例子逐渐增多。利用电动螺丝刀，可以准确高效地进行作业。

实例 使用螺钉进行连接的方法

使用冲击电动螺丝刀，可以在拧入螺钉的同时施加很大压力，能让作业变得更轻松。

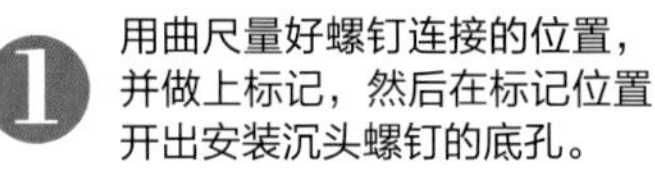

用曲尺量好螺钉连接的位置，并做上标记，然后在标记位置开出安装沉头螺钉的底孔。

2 用电动螺丝刀在开好的底孔中拧入螺钉。

3 将螺钉拧紧至头部略高于表面，或者稍稍嵌入。要注意，如果螺丝刀的刀头与木板不能保持垂直，则螺钉无法笔直拧入。

造园施工中的涂装作业

● 涂装的目的

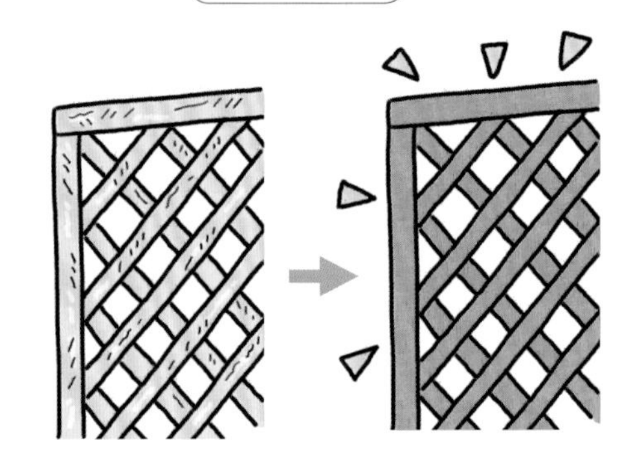

● 涂装作业时的注意事项

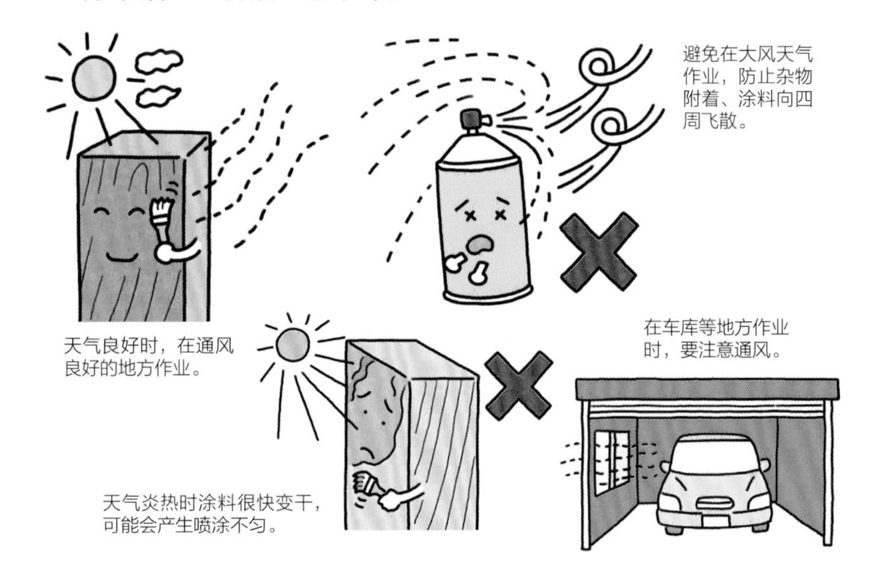

涂装美化外观，保护材料

为了让作品外观更加美观，在最后要进行涂装。通过涂装的方式，可以改变作品的形象，涂层还可以保护表面，让作品能长时间保存。

我们可以根据想要达到的效果来选择涂料，对于户外使用的桌子等，需要选择耐久性好的涂料，或者使用含有防虫成分的涂料，防止害虫侵蚀木材。

如果涂装之后时间过久，则污迹会变得醒目，与庭院的格调不符，如进行重新涂装就可以让其焕然一新。此外，户外的物件经受日晒雨淋，会开裂、腐朽、生锈等，造成材料变脆、老化，通过涂装可以防止其老化。

涂料按照用途分为室内用、室外用、木材用、混凝土用、金属用等不同类别。要根据涂装物件的素材和摆放环境来选择涂料。

涂装作业时的注意事项

无论哪种涂料都要避开潮湿和低温环境。作业要选择天气晴朗的时候和通风条件良好的地方。如果条件优越，则涂装后很快干燥，且涂装面具有光泽，涂装不易失败，效果良好。相反，如果风太大则易造成杂质附着，喷剂型涂料则会向四周飞散，必须注意。

此外，在夏季的炎热天气中涂料干燥过快，易产生涂装不均匀。而且容器内的涂料浓度也会发生变化，因此要避免在炎热天气作业。在车库等室内进行作业时，一定要开窗通风换气。尤其在使用油性涂料时，为了健康也必须换气。

1 选择涂料的种类

油漆分为水性漆和油性漆两大类。要根据用途进行选择。

● **不同种类的涂料**

■**水性种类**：加水稀释后使用方便，干燥速度快，使用后的维护也很简单，因此很受欢迎。可以用平头刷和滚筒刷进行施工，对于石墙这种大面积的涂装而言作业效率高。颜色种类丰富，还可选择亮光色和哑光色。

■**油性种类**：耐久性好，适合用于露台环境。使用涂料稀释液稀释后使用，也可用于门窗等的涂装。但其具有可燃性，因此使用时要注意安全。

■**喷雾型涂料**：包含水性、油性、金属光泽等，种类、颜色都丰富多样，使用起来很方便。但如果大面积涂装，则比水性漆、油性漆等花费要高。

2 准备油漆刷

根据使用的涂料来选择刷子。有水性油漆用、油性油漆用、清漆用等专用类型。如果选用的刷子不合适，则涂装不易进行，或者有痕迹遗留等。此外，根据涂装的面积区别使用刷子也非常重要。大面积涂装时，滚筒刷和平头刷的使用会让作业效率大大提高。

为了避免涂装效果不理想，在使用刷子之前要先理顺刷毛，将脱落的刷毛去除。

● 刷子的种类及使用前的注意事项

3 涂装分 2~3 次进行

在涂装时禁止一次性达到目标厚度。涂装过厚，表面虽干燥但内部还未干，因此会导致起皱或涂装不均匀。首先，用刷子蘸上涂料，仔细挤出多余的涂料，然后将涂料轻轻地涂抹开来。

如果蘸取过多涂料，则会造成涂料滴落，需要小心。刚开始涂装时，不要介意不均匀的部位。在涂料干透之后，再进行第 2 次涂装。涂装需要重复多次，耐心仔细涂装是关键。

4 使用屏蔽胶带

对于不希望粘上涂料的部位，或者要分色涂装、不需要涂装的区域等，事先贴上屏蔽胶带或报纸进行遮盖。

涂装完毕后揭开胶带或报纸，就能实现漂亮的涂装效果。

涂装的基本技能

1 涂装之前进行预处理

①选好涂料后，在涂装开始前要对木纹进行处理。用砂纸沿着木纹打磨，除去毛刺和伤痕。

②如果表面有开裂或裂缝，则用腻子填平。这一步是决定最终效果的重要作业，也是美观涂装的秘诀。

2 涂装时的注意事项

①首先从边角等不易涂装的区域开始作业，开阔的平面等容易涂装的区域在后续涂装。

②一次不要涂抹过厚的油漆。要保证均匀并需要分2~3次涂装。每次涂装后要干透，涂装时不可急躁。

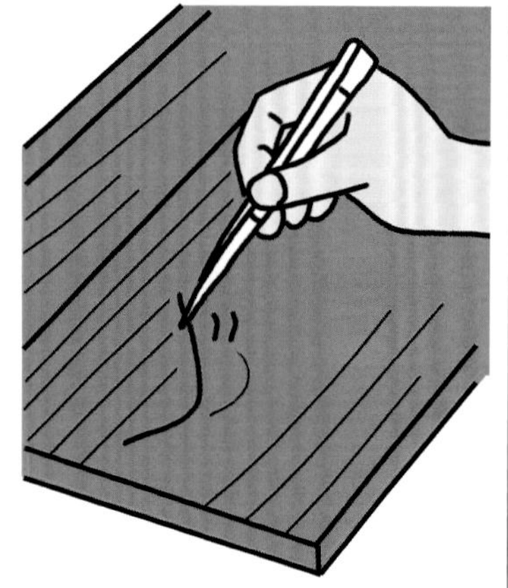

③从刷子上掉落的刷毛等，要用镊子去除。

● 屏蔽胶带的使用方法

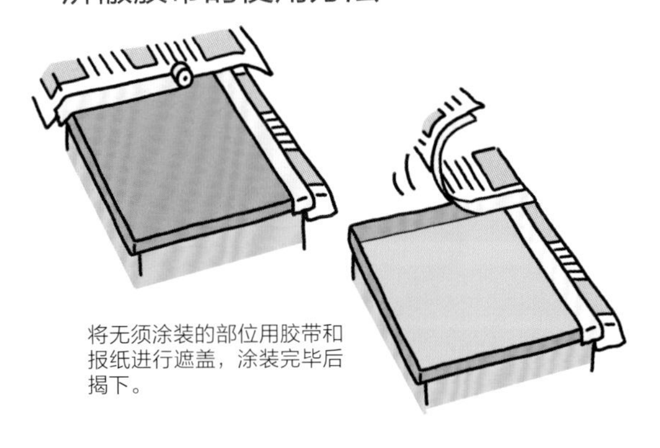

将无须涂装的部位用胶带和报纸进行遮盖，涂装完毕后揭下。

5 使用后的工具清洁

刷子和滚筒使用完毕之后要清洁，以备下次作业可以立即使用。首先，用报纸将残留的涂料擦拭干净。其次，对水性涂料用水、油性涂料用涂料稀释液将涂料去除，并用中性清洁剂将其清理干净。洗净后整理外形，将毛刷部分朝上放置、阴干，完全干燥后将其置于无尘的地方保存。

除油漆之外的涂料

除油漆之外，还有以下种类的涂料。可以根据用途区分使用。

■**清漆：**用于增添光泽、对木材等材料的表面进行保护。清漆可以在表面形成透明的薄膜，阻隔其与大气的接触，因此不易产生伤痕，有助于防止湿气的吸收。但与油漆相比，清漆的涂膜较为柔软，强度低。

对于户外使用的物件，要选择户外用清漆。多次重复薄层涂装，要比一次性厚层涂装的效果更好。最初涂覆的清漆干透之后，用砂纸打磨表面后进行再次涂装。

■**色漆：**仅为木材增添半透明的色彩，并没有保护作用，但可以使木纹呈现出独特的韵味。色漆不仅有油性漆，并且最近还出现了环保的水性漆。多层涂装也可以让色彩变浓。户外使用的色漆有很强的渗透性，是具有防腐、防霉、防虫功能的优良涂料。

■**油：**用油浸润木材的涂装方法被称为“上油”。

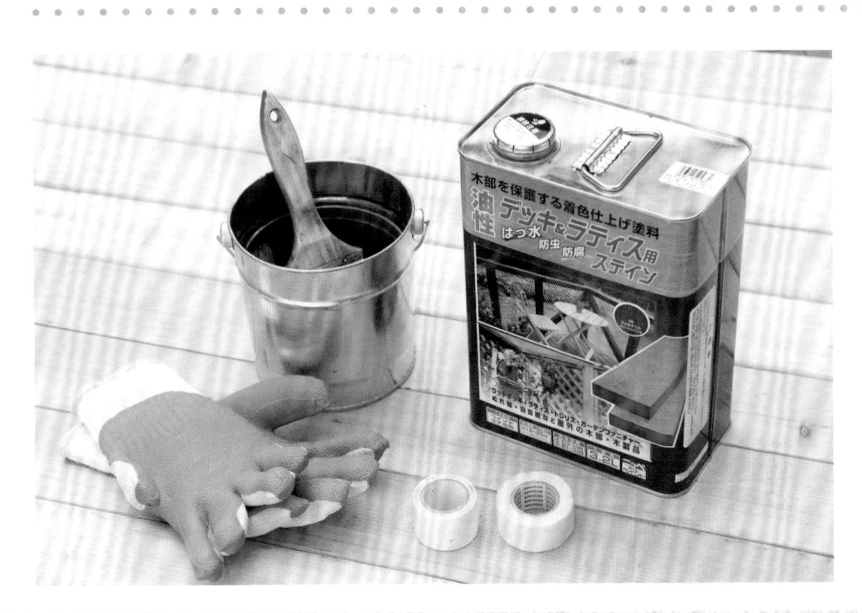

无须刷子，可以用布条擦拭浸润，因此作业更简单。油可以隔水和去污，能保护木材。虽然没有形成涂膜，耐久性不如清漆，但具有清漆没有的润泽韵味，引人流连。

实例

缘侧长椅的修葺

要修葺的缘侧在设置后经年累月，老化很明显。将带有污渍和伤痕的涂料去除，重新进行涂装。要选择与周围风格相融合的涂料颜色，并考虑是否明亮。

1 施工前准备

使用的材料与用具

❶ 在木片上包裹砂纸打磨，会让作业更加顺利。

❷ 用①中的砂纸，将污渍以及附着的涂料清理干净。

专业人士的建议

对于污渍不易去除和工作量较大的区域，可以使用电动砂轮打磨。一定要双手握持，并缓慢操作。

❸ 对缝隙和缘侧的背面等区域，用钢刷清理污渍。

要点

涂装最好选择晴朗天气的上午进行。雨天或者湿度大、气温低的天气不利于涂料干燥，要避免作业。

2 施工前准备

❶ 涂覆涂料。本例中选择褐色系的油性色漆。

❷ 涂装进行到一定程度后，在涂料未干的时候用布擦拭，保证涂料不产生色差，均匀涂覆。

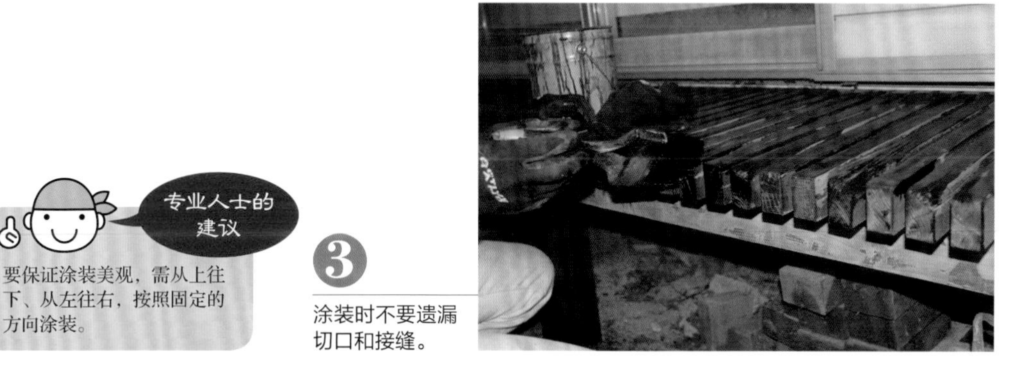

❸ 涂装时不要遗漏切口和接缝。

3 完成

木质纹理的质朴风格的缘侧修葺完成。

小贴士

充分利用家装市场的资源

家装市场对 DIY 爱好者而言可谓圣地。

那里有具备 DIY 咨询师资质的店员。不仅提供咨询，还提供木材的切割服务以及工具的租赁，从物流服务到货车的租用等，可提供各种各样的服务与支援。

此外，还有免费发送的手册，对色漆的涂装方法、混凝土的制作方法、草坪的铺设方法、花坛制作方法等，以及 DIY 与造园的诀窍进行简洁明了的介绍。家装市场可购买多种多样的商品，让我们的创造力得以拓展。

家装市场的优点

1 家装必备素材一网打尽

家装市场内可一次性买到房屋和庭院建造、改装必要的多种多样的素材，因此在一家店里，造园相关的用具、木材、给排水用具等大部分设备都很齐全。

此外，有的店铺还有具备 DIY 咨询师资质的店员，可以向他们请教作业相关的技巧等。

2 可完成木材和五金等切割、开孔的加工

大部分的家装市场都有这类服务。很低的花费就可以按自己的要求进行切割或开孔等，既可提升作业效率，又可完成仅靠自己的工具无法进行的加工，可以让我们更专注于作品的设计层面。

3 可以租赁电动工具等作业用具

可用很低花费租赁从电动工具到夯机等大型工具。尤其是电动工具种类都很齐全，因此无须特意购买，不过如果要购买，也可以通过先试用来确认是否方便易用。

最近，也出现了一些可以付费租赁厂房的大型家装市场。在那里可以使用工作台和各种工具，材料购买后就可以现场加工，这对那些没有宽敞作业场地的人来说，是非常难得的服务。

此外，家装市场还能提供物流服务和货车的租赁服务。可租赁的基本都是轻型卡车，但如果运输大尺寸的板材或者大量砖块等材料，可利用物流运输服务。

4 可体验完成简单的作业，困难的部分可交给专业人员完成

手工制作确实很有趣，但大规模的难度较大的作业却让人力不从心。要求精确度高的作业以及带有危险性的作业可以委托给专业的工匠师傅，而自己则可尝试能够DIY的部分。熟练之后也不妨挑战一下稍微有点难度的作业。

自己独自完成或者与家人一起完成一件作品，其乐无穷。即使稍有缺陷也会爱不释手。手工打造的作品最具有韵味。不妨体验一下手工创作才有的乐趣吧！

调整水平的小妙招

叠砌砖块、架设立柱以及制作桌子等，一定不要在水平、垂直的确认上疏忽大意。如果这一步完成得不好，则想建的东西建不好，组装也无法准确进行。方便用于调节水平、垂直的器具就是水平仪。水平仪在所有 DIY 作业中都大派用场。要掌握其正确的使用方法。

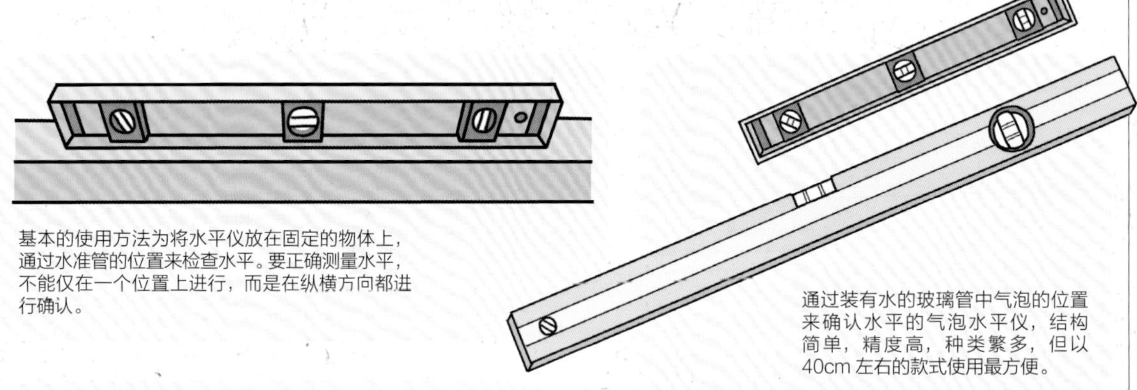

基本的使用方法为将水平仪放在固定的物体上，通过水准管的位置来检查水平。要正确测量水平，不能仅在一个位置上进行，而是在纵横方向都进行确认。

通过装有水的玻璃管中气泡的位置来确认水平的气泡水平仪，结构简单，精度高，种类繁多，但以 40cm 左右的款式使用最方便。

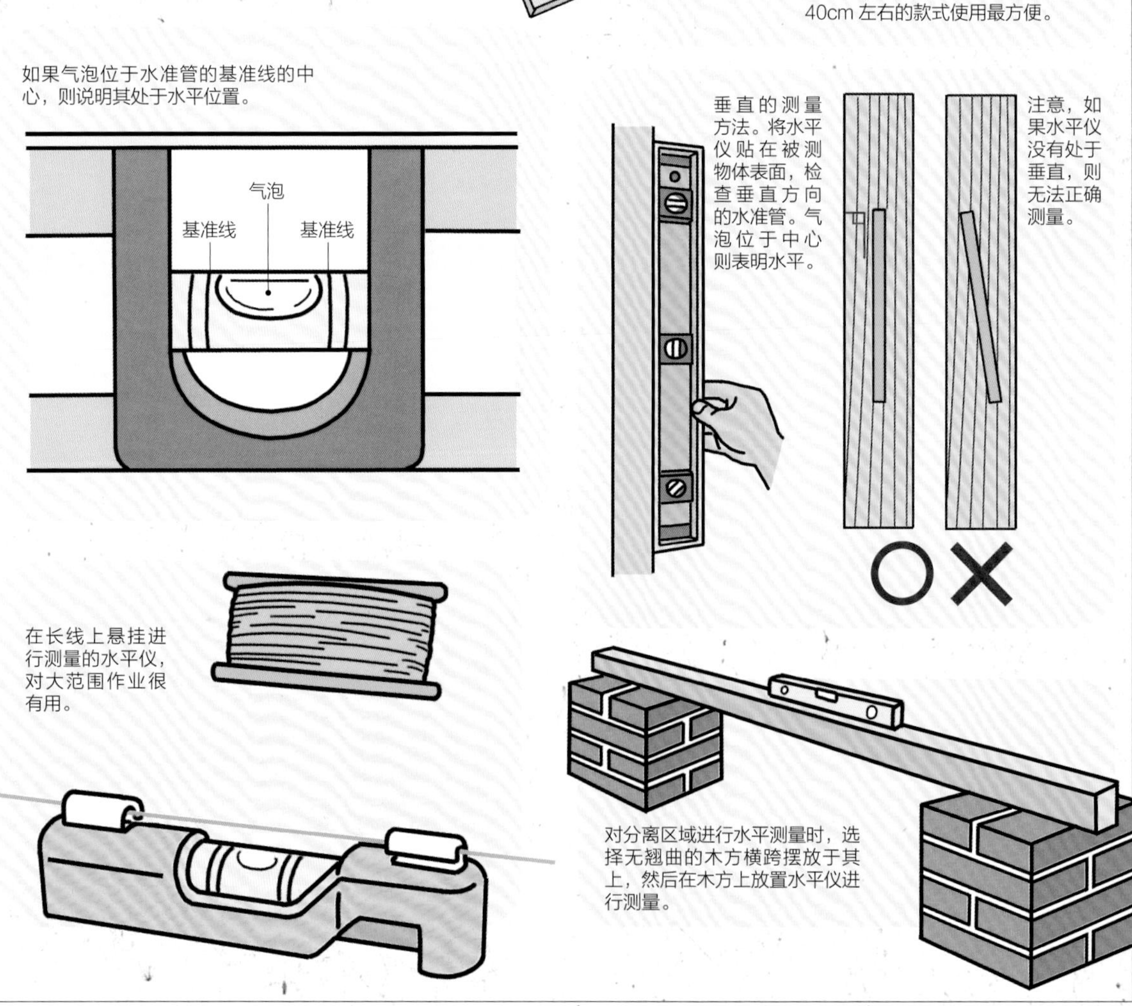

如果气泡位于水准管的基准线的中心，则说明其处于水平位置。

垂直的测量方法。将水平仪贴在被测物体表面，检查垂直方向的水准管。气泡位于中心则表明水平。

注意，如果水平仪没有处于垂直，则无法正确测量。

在长线上悬挂进行测量的水平仪，对大范围作业很有用。

对分离区域进行水平测量时，选择无翘曲的木方横跨摆放于其上，然后在木方上放置水平仪进行测量。

第3部分

庭院的装饰物品、物件与植物

使用格栅棚架

搭建格栅围篱

格栅花架通风良好，也具有遮蔽作用，是创作立体庭院不可或缺的精美物件。

什么是格栅围篱

与格栅围篱类似的还有格栅花架。格栅花架是指植物攀附生长的屏风状无边框的物件。

与之相对，用作围篱等的为带有边框的格栅围栏，或者叫作格栅围篱。

● 格栅围篱的特征

■遮蔽：将空调的室外机、杂物间等不希望被人看到的地方从视线中隐藏起来。

■通风良好：在起到遮蔽作用的同时，格栅孔洞不会造成通风不良。

● 格栅围篱的用途

■空间分隔：特别适合用于日式、西式庭院和个性化风格与自然风格庭院，对入口与主庭等不同印象的空间进行柔和的分隔。

■遮蔽视线：除了用于隐藏空调的室外机之外，对诸如风格迥异的邻家庭院、有碍视线的物件等进行遮掩。

■点缀单调的垂直面：可让藤蔓植物在其上攀附，也可装上吊钩、悬挂吊篮等，让煞风景的垂直面也变成庭院的延伸。

■调节光线与通风：既不会妨碍通风，又可让强日照和强风变得缓和。

● 格栅围篱的种类

格栅围栏的种类包含基本的菱形格栅与外框搭配的标准型，以及外框部分有曲线变化的创意型和格栅可以滑动的滑动型等。

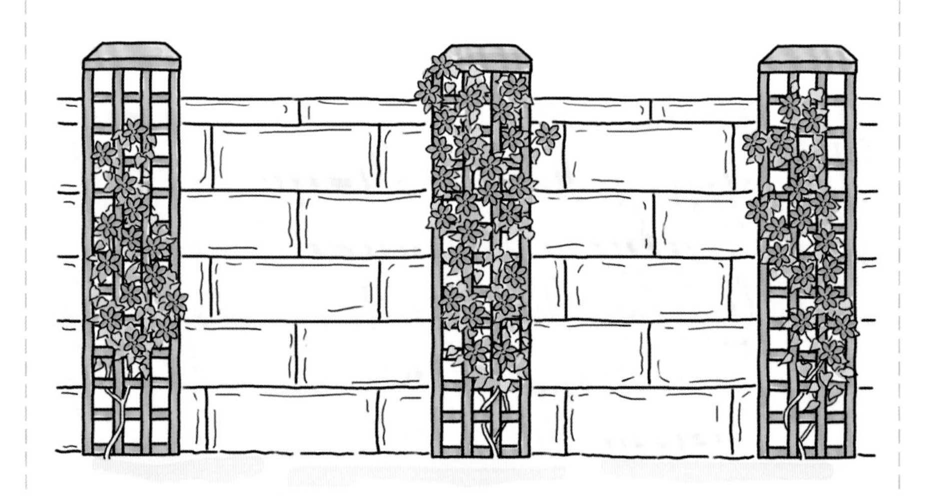

在分界线上架设格栅围篱

住宅建于高台之上，远眺的风景也为庭院的一部分。为了能兼顾这种眺望的乐趣，遮掩来自邻家的视线以及缓和直接吹来的大风，本例搭建了设有孔隙的格栅围篱。

施工流程

1. 预设围篱，确定设置区域
2. 为架设支柱的地点建筑地基
3. 架设支柱
4. 设置格栅围篱并固定
5. 植物的种植
6. 完成

使用的工具

- 支柱
- 格栅围篱（购买的成品）
- 支柱固定五金件（成套配件）
- 砂浆（水泥、碎石、水比例1：2：7）
- 临时围合用废材、铁钉、卷尺、曲尺、手铲、抹泥刀、铁榔头、冲击螺丝刀、水平仪等

完成图

1 预设围篱，确定设置区域

❶ 参照设计图纸，在设置区域中做好标记

整理计划设置区域周边的地面，参照图纸，在架设支柱的位置做好记号。

❷ 预设格栅围篱，同时预设立柱

在计划设置区域，预设格栅围篱确认现场。设置区域决定后，在支柱的位置再次做标记并预设支柱。

专业人士的工具

精确测量水平的电子水平仪

要保证格栅围篱架设得正确、美观，水平的确认必不可少。专业人士会用到依靠声波来确认水平的工具。适用范围很广，通过蜂鸣来告知水平。

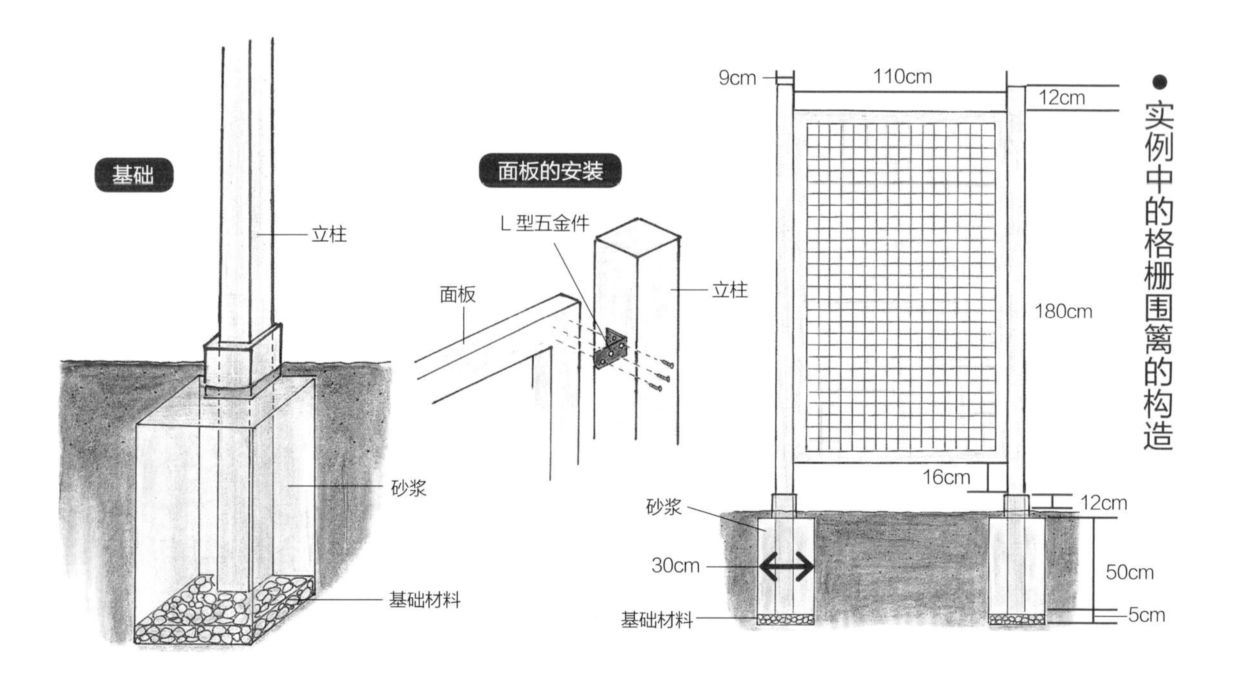

2 为架设支柱的地点建筑地基

① 在架设立柱的位置挖坑

在架设支柱的位置挖出安装立柱的坑。如果基础部分与立柱安装位置不同，则挖坑的深度还要包括基础部分。

留意点！

老式住宅在挖掘时可能会遇到围墙的混凝土基础土壤露出来的情形。如果可以稍许切割，则可以用切割石材的锯子等进行修整。否则需要改变支柱的设置位置。

专业人士的建议

为了方便灌浆干燥后拆卸，型模中不要打入钉子。

② 制作支柱基础的型模

参照支柱的粗细以及架设位置的空间，确定型模尺寸，并切割材料。型模材质可以选择防水性强的三合板等。

3 配制砂浆

配制用于浇注的砂浆。砂浆里混入碎石，以便支柱稳妥固定。

4 挖掘坑洞并压紧

在设置型模的位置挖坑，填入碎石并反复敲击夯实，以免支柱、型模摇晃不定。

5 设置型模

调整水平的同时，将型模紧贴水泥砖设置在坑洞中。

3 架设支柱

1 设置支柱

将支柱设置在型模中。先将支柱暂且倚靠在水泥砖旁。

2 确认水平

将水平仪贴在支柱上，确认水平的同时确定支柱的位置。

3 将地上部分临时固定

将已经调整水平的支柱临时固定，防止晃动。本例中，支柱旁有围篱，故将其固定在围篱上。

4 在基础部分浇注砂浆

将砂浆注入型模中。

专业人士的建议

本次使用的砂浆含有碎石，因此要用木棒等上下搅拌，除去其中的空气。

支柱虽然埋得越深越稳固，但与土壤接触的部分容易腐烂。如果有大块混凝土的基础突出地表，则会有碍观瞻。因此，在深处要稳妥固定，而上部则使用最小限度的混凝土固定，避免与土壤接触，并且看起来也显得自然。

5 抹平基础表面

用木片等除去多余砂浆的同时，初步抹平表面。最后用抹泥刀将砂浆的表面抹平，完成最终修饰。

6 去除型模，填土夯实

砂浆凝固后，用榔头等从型模内侧敲击，取下型模。然后在砂浆基础周围的空间中填土并夯实，将基础固定。

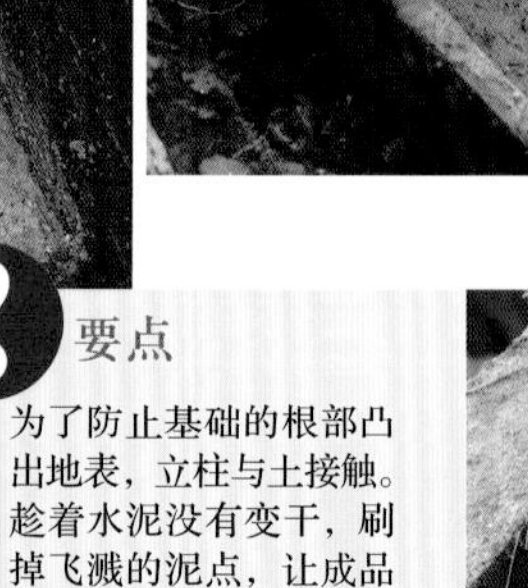

要点

为了防止基础的根部凸出地表，立柱与土接触。趁着水泥没有变干，刷掉飞溅的泥点，让成品更美观。

4 设置格栅围篱并固定

❶ 设置五金件

在支柱上设置好安装格栅围篱需要的五金件。参照格栅围篱的尺寸，确定安装位置，打上底孔，用螺钉固定五金件。

要点

有些形状不规则的庭院里，转角不只有直角。在转角处要斜向设置围篱时，可以在支柱上垫上木块之后再设置五金件。

水平确认完毕后打底孔，用电动螺丝刀安装螺钉。

❷ 固定格栅围篱

将格栅围篱固定在支柱上。先试着将围篱对准安装好的五金件。此时，一定要用水平仪确认水平。

5 植物的种植

❶ 将苗木和盆栽错落有致地预摆放到位

将苗木等预先摆放在计划种植的位置，如果整体效果很好，则可以挖坑开始种植。大型树木可采用灌水种植（参照第180页）。

❷ 已有的藤蔓植物也配合格栅围栏进行修剪

修剪已有的藤蔓植物，使其攀附于格栅围篱之上。

要点

虽然保持植物原本枝繁叶茂的状态看起来似乎更养眼，但修剪后有利于发出新芽，攀附于围篱上会减少植物的负担，也让整体看起来更加自然。

设置完成!

❸ 完成第一扇围篱的安装

完成第一扇格栅围篱的安装。同样地完成其他围篱的安装。

6 完成

制作种植箱

木制种植箱能为植物增添木材的雅致韵味。组合运用木工的基本技能，即可制作充满个性的花器。

制作种植箱的要点

● 根据用途和放置场所改变材质

如果是直接在种植箱中填入花土进行种植，就要选择不易受潮腐朽的材质，并经过防腐剂等处理，铺上可防止种植土漏出的无纺布之后再种植植物。

若要用作套盆，则在木箱内部放入接水盘，其外观和尺寸则设计为让置于其中的花盆不可见。此外，如果用于室内或者阳台，则可安装滚轮，让花器的移动更加轻松便利。

坚韧的木材即使经过防腐剂处理，在经受风雨洗礼、阳光直接暴晒后也会产生木材变色、翘曲等。因此，根据摆放的场所，仔细斟酌木材的材质。

● 种植箱的基础外形为长方形

最初可以从制作长方形的种植箱开始。从木工作业中最基本的“箱型”种植箱着手，可以熟悉工具的使用方法、作业的工序。在应用时，也不妨在木板之间留出间隙，做成甲板状，或者对上部边缘做一些装饰，让作品更加生动。

此外，还可以用链锯切割曲线，用凿子雕刻出沟槽，并将这些木材组合成带有花纹的作品。

● 种植箱进阶创作

当木工作业熟练后，还可尝试在格栅围篱和空调的室外机遮罩上附加花箱，或者尝试长椅与花箱一体化等难度更高的创作。

制作大型花盆的木箱遮罩

设计的要点是与树木尺寸之间的平衡以及与放置场所的氛围相融合。考虑到室外的放置环境，要选择具有良好防水、防腐性能的不锈钢箱体。虽然又重又沉，但耐久性非常优秀。

施工流程

1 部件的切割
2 组装两侧板
3 为组装好的侧板安装前板
4 安装后板
5 设置底面和上罩
6 收尾工作
7 用边角料制作小木箱
8 完成

使用的工具

- 测量工具：曲尺、卷尺
- 固定工具：夹具、弹簧夹具
- 切割工具：手锯、电链锯、电圆锯、铁皮剪
- 钻孔、雕刻工具：电动螺丝刀
- 刨削、打磨工具：砂轮
- 连接工具：榔头、电钻、电动螺丝刀、钉枪
- 涂装工具：毛刷、布条（抹布）

使用的材料

- 不锈钢片、美西红侧柏（木方）、粗牙螺钉、铁钉、螺母、无纺布、油性色漆

完成图

1 部件的切割

❶ 切割侧板

按照尺寸切割侧板。测量尺寸时，在侧板的内侧平面做好标记，还需考虑锯子刀刃的厚度。即使有几毫米的偏差也可能导致整体尺寸不合。由于材质坚硬，因此使用带有专用导向的电圆锯。

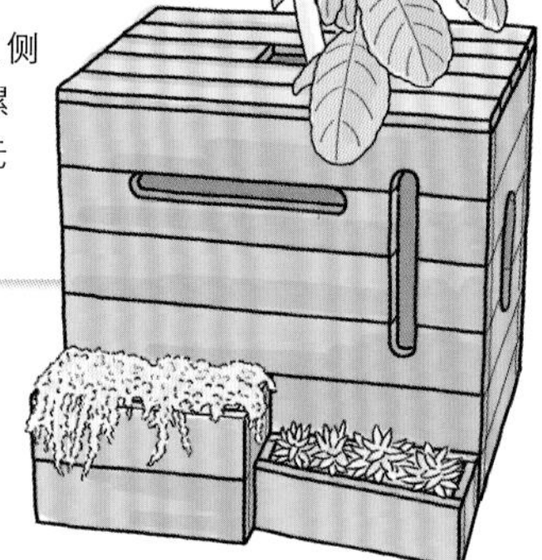

❷ 在装饰部分做上标记

在内侧做上标记。用曲尺辅助，画出连接曲线的直线部分。

要点

可以使用圆形物体做参照，绘制圆滑的曲线。

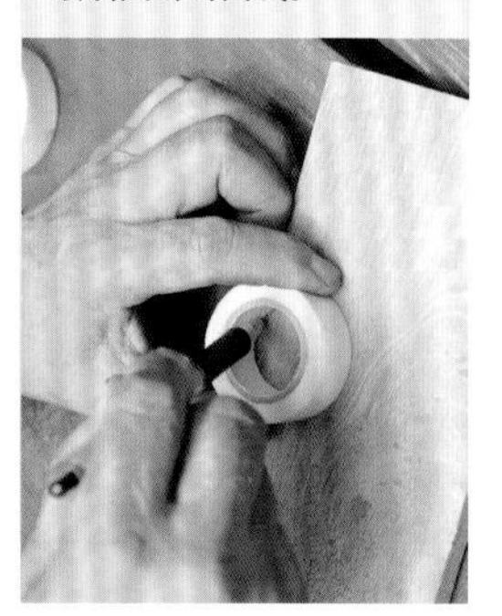

●实例中种植箱的构造

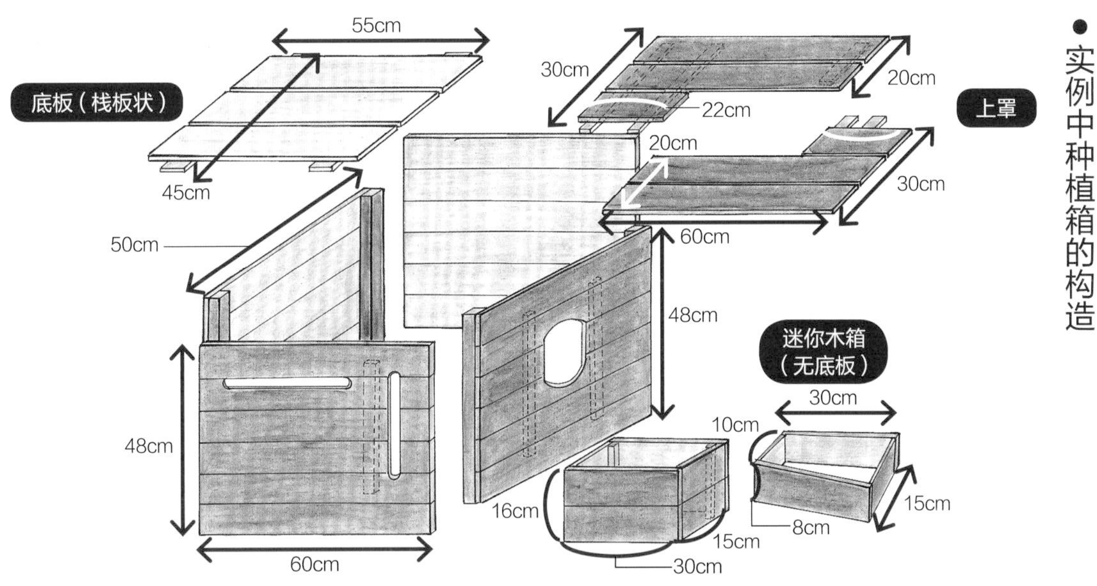

曲线部分要慢慢切割。

③ 装饰部分用电链锯切割

将内侧朝上切割，防止表面产生毛刺。

留意点 使用电链锯时，要将木板稳妥地固定在作业台上。

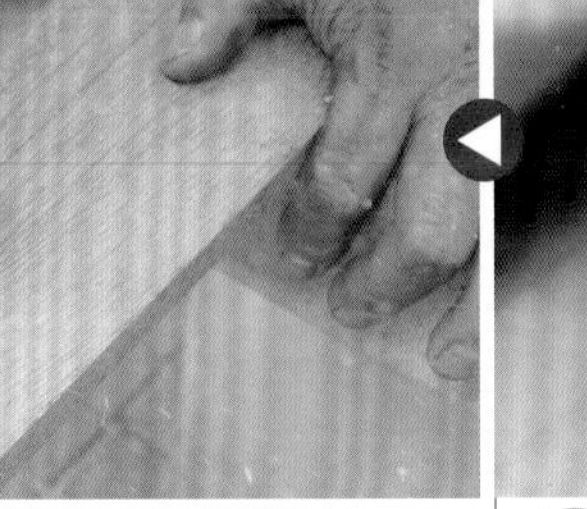

2 组装两侧板

① 用夹具将木板固定

在木板内侧需要用螺钉固定支撑木方时，则可实现将木方的左右端部用夹具固定在作业台上，然后进行作业时就很容易保证垂直。

② 将侧板固定在支撑木方上

侧板使用的材料并不厚，因此使用支撑木方可让制作更加便利。

③ 用螺钉固定，完成组装

先用电钻在侧板上钻出直径为2mm的底孔，然后用35mm长的螺钉固定。侧板宽9cm，要用2根螺钉分别在距离端面1.5cm左右的位置固定。

3 为组装好的侧板安装前板

① 将前板与左侧板固定

将前板按从下往上的顺序固定在左侧板。前面的两处装饰孔之间的部分，要用支撑木方从内侧用铁钉固定。

② 将前板与右侧板固定

将前板与右侧板对齐，并用螺钉固定。

4 安装后板

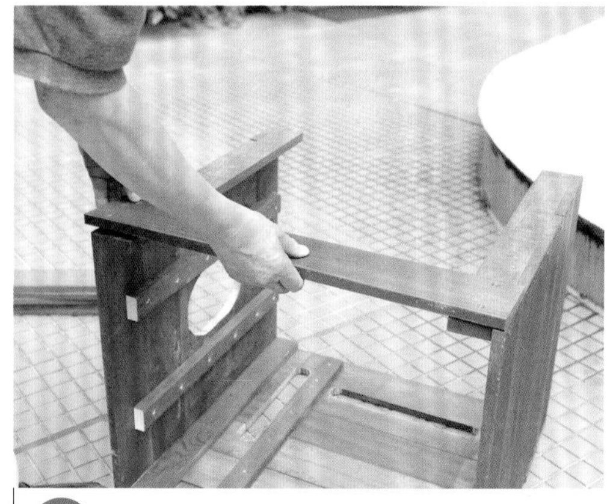

① 安装后板

按照从下往上的顺序，类似地用螺钉固定。

③ 安装2块小板

最后在装饰孔旁边安装2块小板。

5 设置底面和上罩

设置底板

参照内部尺寸制作栈板。比起将花盆直接放置在地面上，栈板通风良好、不发闷。如果尺寸相符，也可购买现成的栈板。

设置上罩

上罩分为2块制作，以便其中的花盆取放更容易。只在内侧用铁钉将木方固定住，不要使用螺钉。

木箱制作完成

上罩中间孔隙的大小取决于植物的粗细。

地板会被水润湿，因此如果购买现成的栈板，也要仔细涂装。

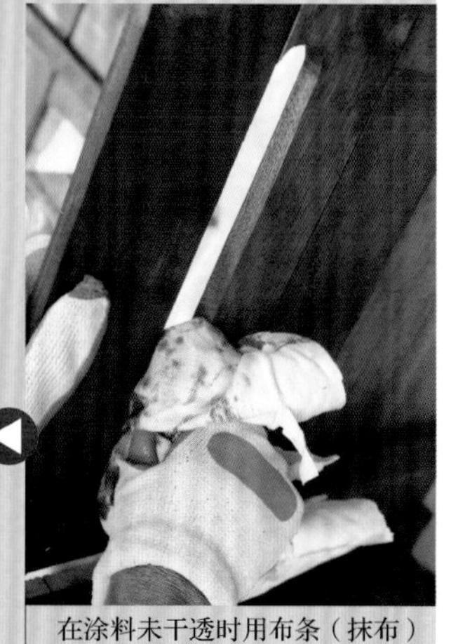

在涂料未干透时用布条（抹布）将多余的涂料去除，防止产生涂装不均匀。

6 收尾工作

用油性色漆进行涂装

对细小的开口和切口处用油性色漆涂装。布条经常会被挂住导致涂料无法涂均匀，因此要用刷子。涂装至涂料浸润木板为宜。

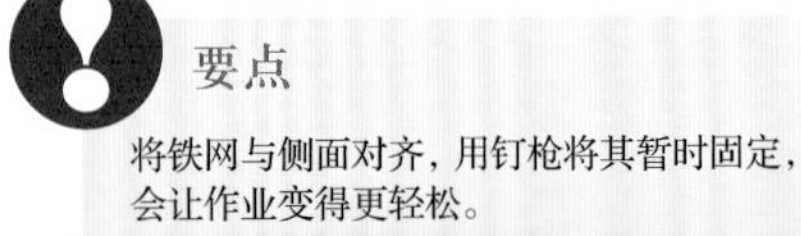

要点

将铁网与侧面对齐，用钉枪将其暂时固定，会让作业变得更轻松。

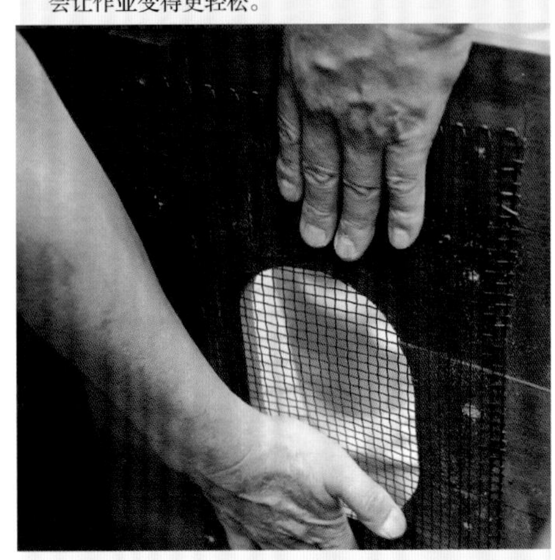

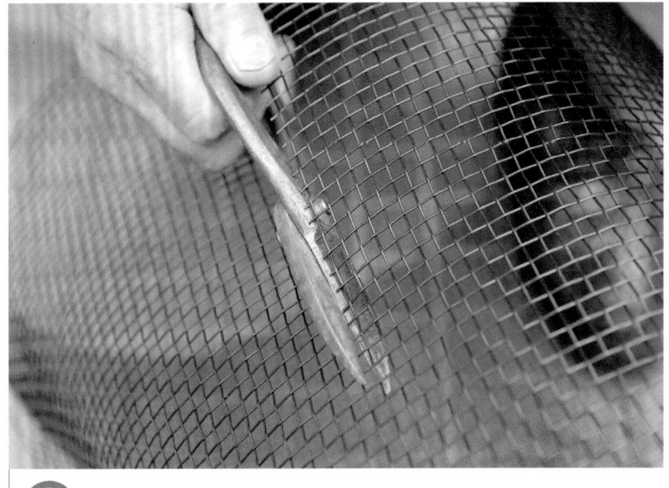

2 在装饰部分安装铁网

装饰部分用的铁网按照略大于装饰孔的大小进行裁剪。

完成装饰部分

前板的装饰部分也同样安装铁网和无纺布。

3 用木方将铁网和无纺布一同固定

用木方将铁网固定。同时再在侧板和木方间夹上无纺布并固定，使外面看不到箱内。

使用较长的电动螺丝刀头时，要抓稳大花箱体，保证箱体不晃动。

将小木箱安装到大花箱时，可使用较长的电动螺丝刀头。

7 用边角料制作小木箱

① 安装做好的小木箱

小木箱的尺寸为可将花盆直接放入。

8 完成

由于大花箱具有良好耐久性，置于室外也毫无压力。

动手试做

在花坛中架设锥形花架

在花坛平坦的地方布置较高的物件，可为庭院增添空间感和韵律感。在无法种植高大植物的地方，可以布置一些锥形花架等物件。摆设物件的材质很关键。木材与周围的氛围很契合，但缺点是不耐雨雪等。最近很流行铁制的花架。

❶ 组装现成的锥形花架，并将其试着安置在花坛中。决定摆放位置时，要从多个角度观察花坛，选择美观的地点。

❷ 将植物试摆放在花坛中。试着安置锥形花架的同时，确认花坛的整体效果，然后栽种植物。

❸ 安设锥形花架，注意不要踩踏到已经栽种好的植物。

❹ 让植物攀附在锥形花架上。虽然花架本身也是一种点缀，但在其周围种植藤蔓植物并在花架上攀援生长，则可变成绿意盎然的植物塔。

在多处用麻绳将植物固定在花架上。这样即便被风吹也不会折断，植物也更加安定。

❺ 完成

动手试做

为室外机盖上遮罩

室外机虽然放置在路边或者庭院的角落，但十分显眼，难免破坏辛苦营造的庭院景观。此外，在排风区域周围很难种植植物。那么，让我们给室外机盖上遮罩吧！将金属的室外机，用木制的遮罩掩盖起来，让庭院的氛围不会遭受破坏，打造完美的休憩空间。

成套购买的室外机的遮罩。（购买之前必须确认室外机的尺寸）

1 组装正面。将遮罩从包装箱中取出，按照各部分的位置摆开，首先设置正面，然后设置侧面。

2 设置完毕后将侧面与上部对齐。

3 将遮罩设置在室外机上。此时，要确认基础是否平整、遮罩是否摇晃。

4 完成

制作庭院长椅

木制长椅与庭院风景融为一体，最适合供人休憩。在考虑到使用便利度与动线的基础上，再来决定其外形与颜色。

长椅制作时的要点

● 要突出设计感

手工打造的长椅要长期放置于庭院中，因此要选择与庭院和房屋风格统一的设计。当然尺寸也要与庭院中安置的其他家具相匹配。

在进行设计时，可以考虑不带靠背的长椅之类，或者带有靠背的，或者单人、双人座椅等，兼顾实用性和观赏性的方案。

此外，根据采光的不同，坐椅即使是同一种颜色也会很生动，看起来很漂亮。应当记住，自然环境也是进行设计时需要考虑的条件之一。

● 要考虑到使用便利

舒适的长椅，久坐也不会感到疲劳。椅子的高度和靠背的角度、有桌子时是否与桌子的高度匹配等是关键。其次，在读书和聚餐等长时间使用的情况下，能为全身提供支撑的长椅能给人安适感。

庭院是第二个客厅。要根据自身的生活习惯，将便利舒畅放在首位。

● 嵌入式的长椅让庭院整洁

在有限空间的庭院中安置新的庭院家具时，有可能会与空间大小的平衡感不相匹配。在这种情形下，可以在搭建花坛时一同增添附属的长椅，让庭院看起来更加整洁。

制作长椅，为庭院增添格调

只需将直线切割的木材组装并固定，即可做成简单的长椅。

省去了靠背，简洁的造型，置于庭院角落毫无违和感，能与自然景观融为一体。

施工流程

1. 准备部件材料
2. 组装长椅腿部
3. 安装支撑栈板
4. 制作椅面
5. 完成

使用的工具

- 测量工具：曲尺、卷尺
- 固定工具：夹具、弹簧夹具
- 切割工具：电链锯、电圆锯
- 钻孔、雕刻工具：电动螺丝刀
- 刨削、打磨工具：砂轮
- 连接工具：铁榔头、电钻、电动螺丝刀

使用的材料

- 美西红侧柏、螺钉、油性色漆

完成图

1 准备部件材料

① 测量尺寸

用曲尺量出直角，测量材料尺寸，估算刀刃宽度，并用电链锯切割。

● 实例中长椅的构造

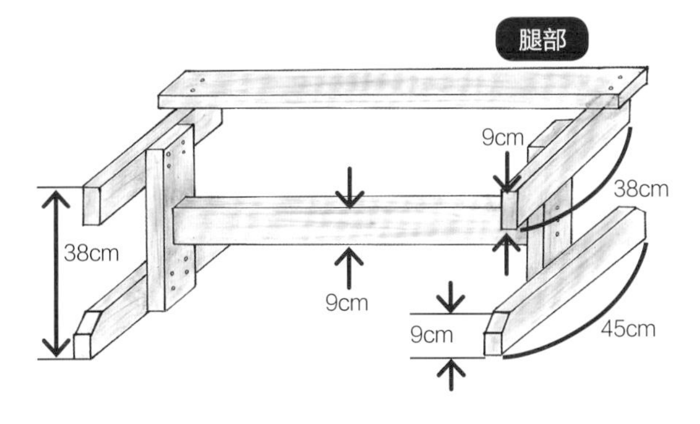

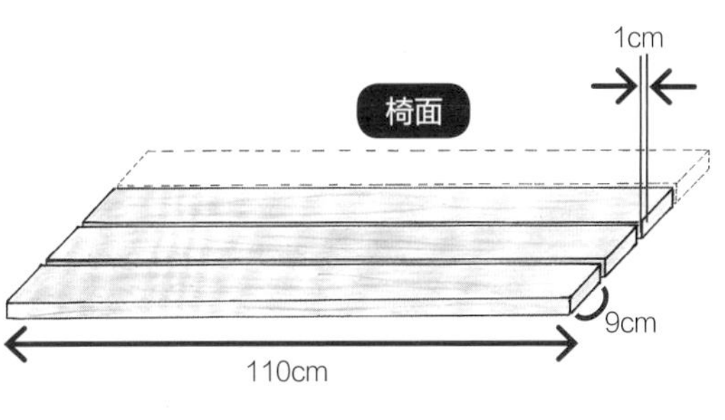

2 组装长椅腿部

❶ 制作椅腿下部

将用作椅腿下部的木板斜向切下。

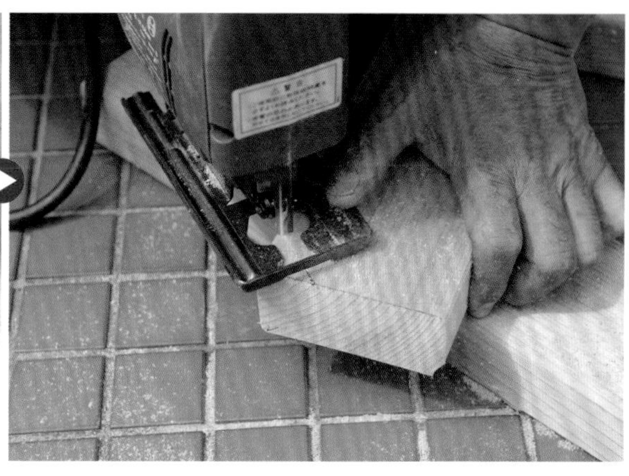

❷ 安装椅腿下部

将下部木板的中心与垂直连接的木板宽度中心对齐，并做好记号。先用一颗螺钉固定。

用螺钉固定。

❸ 完全固定

椅腿部分要用4颗螺钉稳妥固定，保证不发生摇晃。

要点

在确定垂直时，可以将椅腿放在平板上进行确认。

❹ 安装另一侧

支撑椅面的另一侧，也同样确认垂直后稳妥固定。

3 安装支撑栈板

❶ 确定螺钉的钉入位置，开底孔

确定椅腿横栈板安装的位置后，在上下两处打底孔，以便安装螺钉。

❷ 用螺钉固定

将椅腿和支撑用栈板，用螺钉稳妥固定。

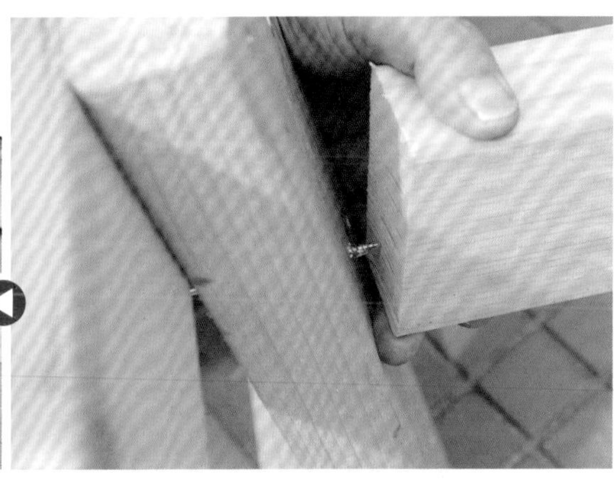

❸ 安装另一侧

测量已经安装完毕的一侧栈板安装位置。

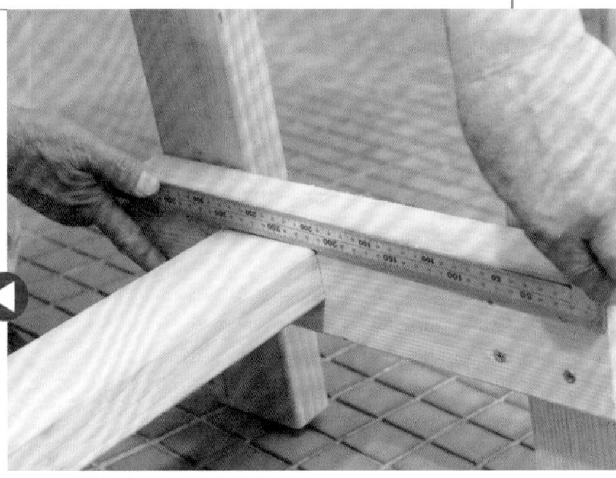

在另一侧椅腿安装位置做上标记。

注意不要让栈板歪斜，同样地进行固定。

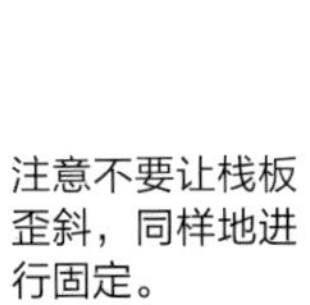

便利的工具

为了保证安装时木板的位置不发生偏离，钳子状的夹持工具会让作业更便利。也可以用晾晒棉被时候使用的塑料夹子替代。

4 制作椅面

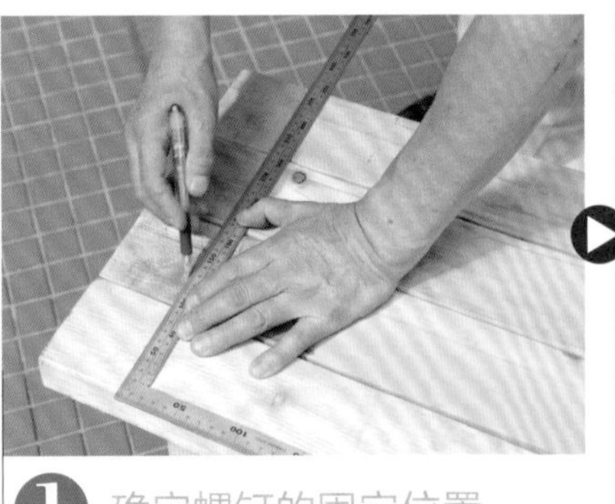

❶ 确定螺钉的固定位置

将椅面的材料放在椅腿部分上测量尺寸，找出与椅面接触椅腿的木板宽度中心线，并做上记号。

❷ 用螺钉固定

每块板子用2根螺钉进行固定。

将椅面固定在椅腿上。

椅面制作完工

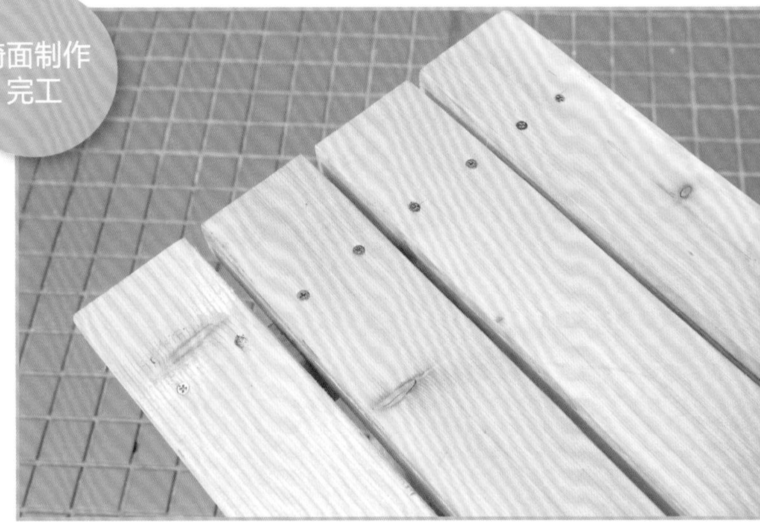

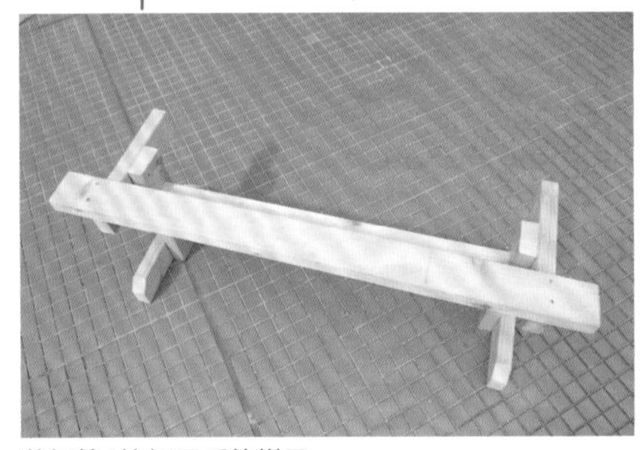

装好第1块板子后的样子。

5 完成

涂装与放置场地匹配的色彩，为庭院更增韵味。

使用砖块

搭建烧烤炉

砌筑烧烤炉就是瓦工作业中的“铺设”与“叠砌”的应用。规则的方形，对新手而言也很容易完成，稍下功夫还可以附带砌筑烟囱。

搭建烧烤炉的要点

● 搭建场地的准备

首先，由于会用到火，所以烧烤炉的备选场地附近不能有住房或者棚架等。其次，设置场地是否合适，仅从土地表面很难进行判断，因此要下挖 20cm 左右，判断基础是否牢固。如果挖出碎石或者围篱等挡土墙，则需要变更场地。

● 制作牢固的基础

由于要在打好基础的地面上叠砌砖块等重物，因此基础必须要打牢。此外，砂浆等必须要完全干燥，因此砖块砌筑要在基础施工完成后大约 1 周之后进行。

● 烧烤炉的设置条件

下挖 20cm 左右，确认基础的浇注是否存在问题。

要在充分远离住宅的场地设置。

搭建烧烤炉，实用又美观

烧烤炉为亲朋好友举行庭院派对增添乐趣。本例将介绍用混凝土块搭建烧烤炉的方法，新手也可简单地在短时间完成。此例中基础施工已经完成。

施工流程

1 施工前准备
2 砌筑基座的砖块
3 砌筑基座的混凝土块
4 设置放置木炭的部位
5 砌筑烧烤炉的侧面
6 收尾作业
7 完成

使用的工具

- 尺寸测量：卷尺、曲尺、水平仪、水平线
- 地面整平：夯土器、钉耙
- 砂浆配制：手铲、水桶（砂浆桶）
- 作业工具：勾缝抹泥刀、抹泥刀、桃形抹泥刀、抹泥板
- 清扫工具：海绵、笤帚、刷子

使用的材料

- 砖块、河沙、混凝土块、水泥

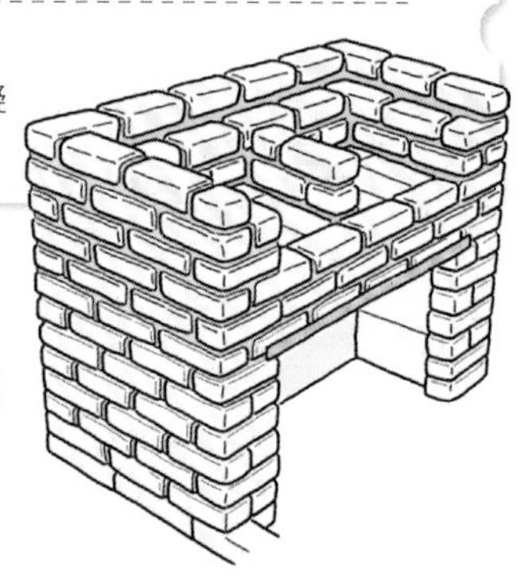

完成图

1 施工前准备

① 事先砌筑混凝土块

将用作基座的混凝土块进行试砌筑，估算尺寸、砖块数量以及确定铺设方式。

要点

在进行施工前准备时，要再一次检查庭院面积与烧烤炉的匹配、炉子高度是否方便使用。

●实例中烧烤炉的构造

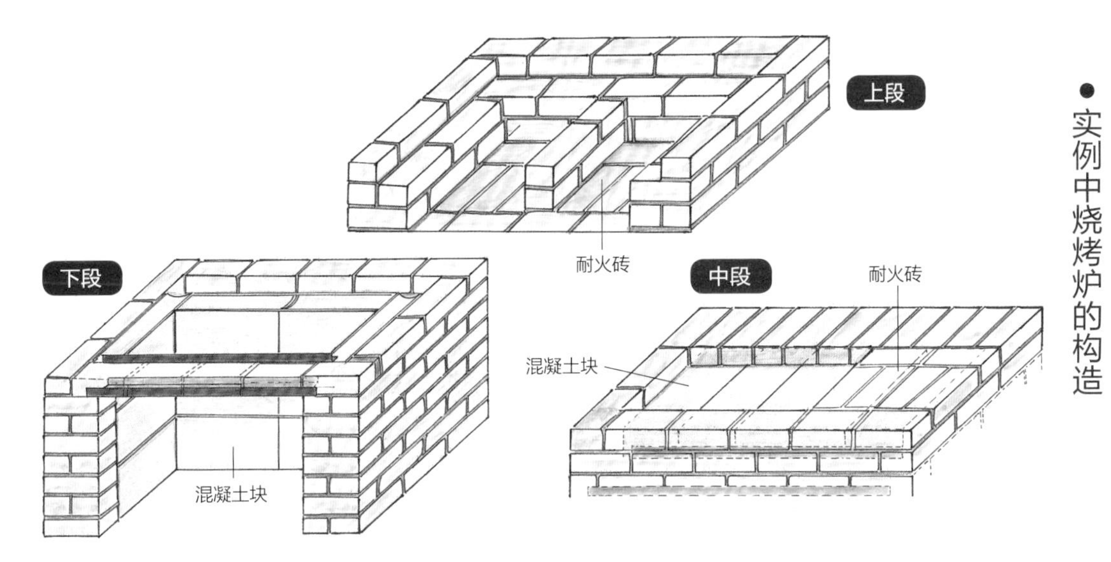

2 砌筑基座的砖块

❶ 砌筑侧面与后面的砖块

用水平仪调节水平的同时，用抹泥刀的手柄微调进行砌筑。

砌筑另一侧的砖块。

砌筑后面的砖块。

3 砌筑基座的混凝土块

❶ 砌筑基座的混凝土块

在已经砌好的砖块内侧砌筑混凝土块。

专业人士的建议

砌筑砖块是让人腰酸背痛的艰苦作业。对于从外面看不见的部分，利用混凝土块代替砖块可以缩短作业时间，此外还有容易调整水平等优点。

层层依次砌筑。

4 设置放置木炭的部位

❶ 制作放置木炭部位的底面骨架

在基座上设置铁板，然后铺设砖块，用砂浆固定。

❷ 砌筑放置木炭部位背后的区域

在已经砌好的砖墙内侧再叠砌砖块。

❸ 在台面的中央铺设混凝土块

在放置木炭的区域，涂覆并摊平砂浆，以方便混凝土块的铺设。

铺设混凝土块作为砖块的基座。

❹ 高度调整

用水平仪测量水平，一边调整底面高度，一边铺设耐火砖，完成木炭放置区域的制作。

5 砌筑烧烤炉的侧面

1 叠砌耐火砖

在烧烤炉周围砌筑耐火砖。

留意点

在砌砖时，用砂浆对接缝的间隙进行微调。

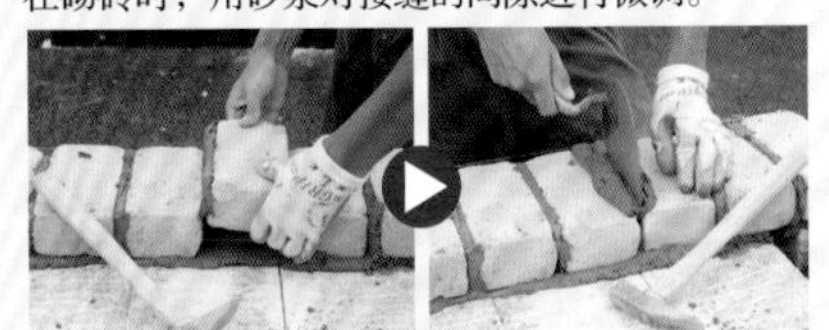

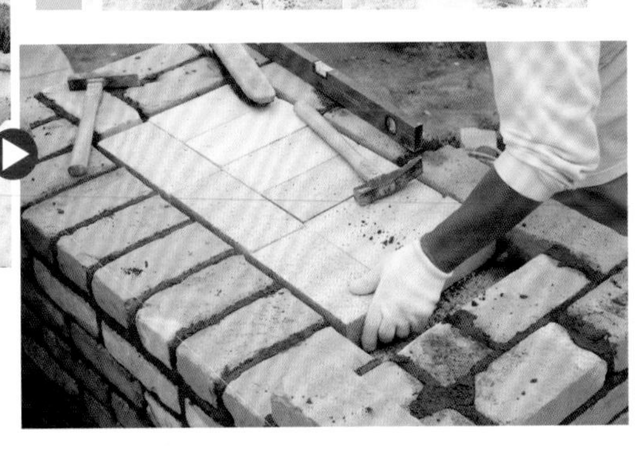

2 在中心部分铺设耐火砖

在混凝土块之上铺设耐火砖，完成木炭放置区域的底面。

6 收尾作业

1 铁网放置部分的制作

调整水平的同时，砌筑耐火砖，摆放铁网。

要点

可通过接缝进行微调，但如果砖块无法放进去，则可将多余的部分切掉。

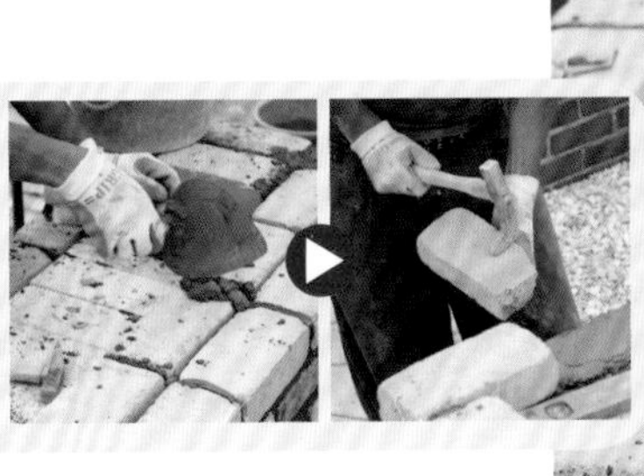

在放置中央部分的砖块时，也要仔细调整水平。

放置铁网的砖块铺设完成的状态。

❷ 收尾的清洁工作

用刷子或浸湿的海绵擦除砖块上的污迹。

7 完成

使用瓷砖对阳台进行翻新

阳台是我们近距离感受庭院乐趣的空间。然而，阳台上有太阳光的暴晒、风吹等，对植物生长来说是严苛的环境。在管理上多下功夫亦可体会庭院的乐趣。

阳台翻新的要点

● **瓷砖使用时的注意事项**

有的高层住宅中，阳台属于紧急逃生通道。作为共有区域的阳台，基本上不要放置物品。要事先仔细确认自己想要用作庭院的阳台是专有区域还是共有区域。

即便阳台是专有空间，也不能放置杂物等造成紧急逃生门和逃生通道无法使用。此外，还要考虑到上面楼层的人会下楼，因此在天井的紧急逃生通道之下不能放置杂物。

● **要注意安全性**

阳台的承重是有限度的。不可放置过重的物品或者无限摆放植物。

此外，还需要注意在扶手的旁边不能摆放箱子等。否则孩子容易爬上扶手，可能有坠落的危险。还要防止水、树叶等掉落到楼下。

● **排水沟与排水管的处理**

在阳台上种植植物则容易产生垃圾。在浇水或下雨时，如果垃圾被冲走，排水管处又没有设置拦网，则容易造成雨水排水管等堵塞，应当注意。

粘贴瓷砖，打造精致的地面

本例将人工草坪用瓷砖和木栈板进行改装，营造出供人休憩的空间。对于瓷砖等大小无法匹配的地方，用碎石等进行固定。

施工流程

1. 施工前准备
2. 铺设木栈板
3. 铺设瓷砖成品
4. 收尾作业
5. 完成

使用的工具

●材料切割：剪刀、手锯

●清扫工具：海绵、笤帚、刷子

使用的材料

●木栈板、瓷砖

完成图

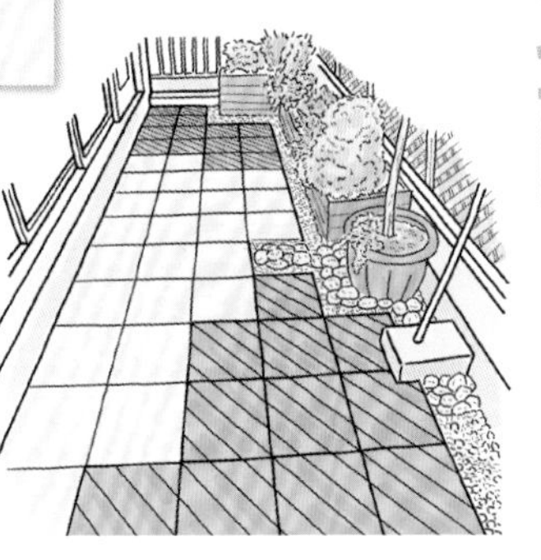

现状

1 施工前准备

❶ 撤去人工草坪

现有的人工草坪撤除。

❷ 清扫地面

在铺设瓷砖或木栈板时，如果有细小的杂物进入到瓷砖或木栈板下面，则会造成无法固定，且杂物一旦进入很难去除，因此在铺设前要清扫干净。

2 铺设木栈板

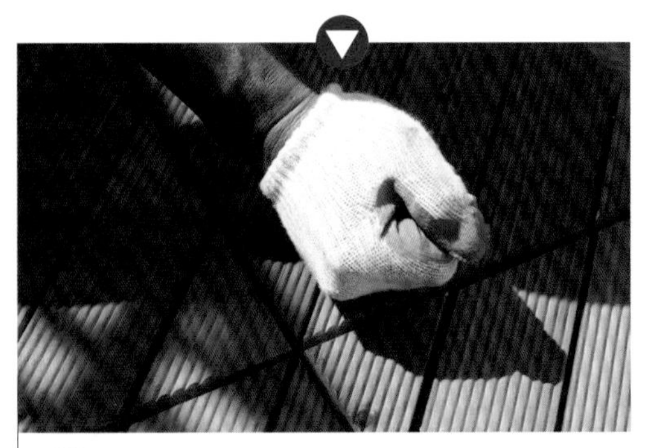

❶ 预摆放木栈板

预摆放木栈板，以防其花纹顺序出现错误。

❷ 铺设木栈板

木栈板按照花纹顺序摆好，对齐卡榫。敲击卡榫对齐处，将其固定。

3 铺设瓷砖成品

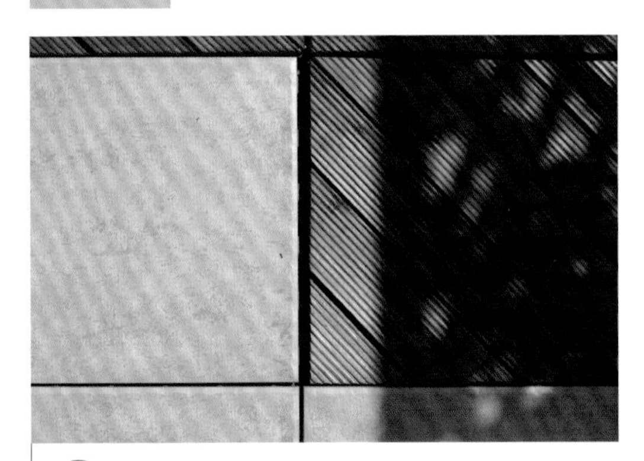

❶ 瓷砖试摆放

瓷砖试摆放，一边观察整体造型，一边铺设。

❷ 固定卡榫

敲击卡榫结合的部位，使其更加稳妥固定。

铺好瓷砖的状态。

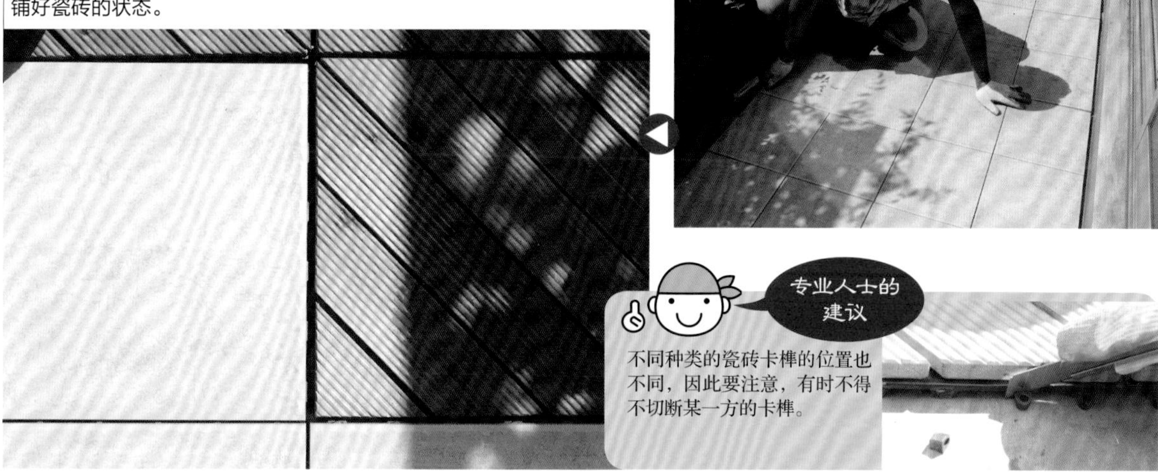

专业人士的建议

不同种类的瓷砖卡榫的位置也不同，因此要注意，有时不得不切断某一方的卡榫。

4 收尾作业

❶ 构造物周边的处理

室外机等构造物造成无法铺设整块木栈板，此时要在构造物的位置进行切割。

要点

由于瓷砖无法切割，因此要避开这些区域，使用砖块、碎石等进行补齐。

5 完成

瓷砖铺设完成。

动手试做

妙用石材装点阳台

阳台上铺设瓷砖、木栈板或者摆放盆栽时发现与空调的室外机等之间产生了缝隙，此时可以用石材或砖块巧妙地将缝隙隐藏。如果用砖块则没有问题，如果是细小的石块则可能从缝隙掉入栈板之下，造成排水沟的堵塞。因此，要铺上布（无纺布）并在其上填充碎石。

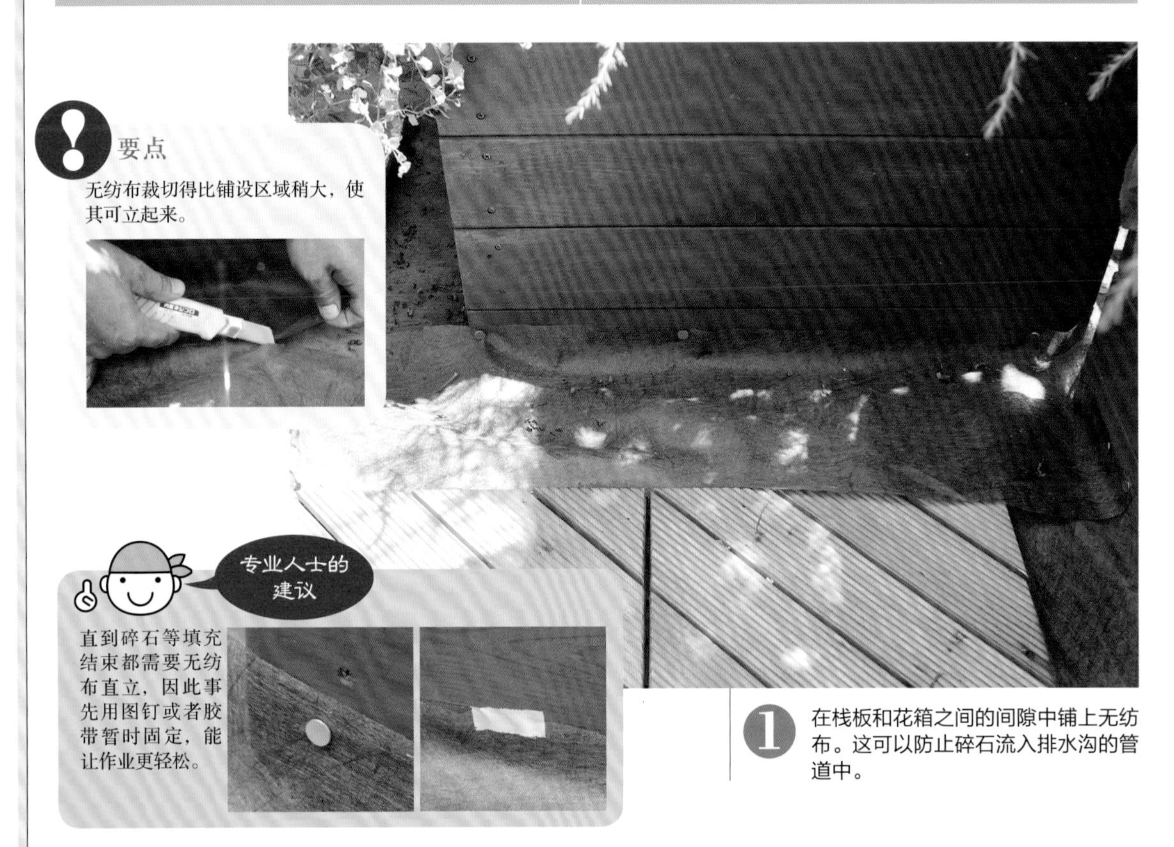

要点

无纺布裁切得比铺设区域稍大，使其可立起来。

专业人士的建议

直到碎石等填充结束都需要无纺布直立，因此事先用图钉或者胶带暂时固定，能让作业更轻松。

1 在栈板和花箱之间的间隙中铺上无纺布。这可以防止碎石流入排水沟的管道中。

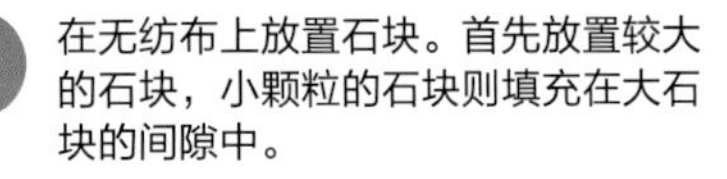

2 在无纺布上放置石块。首先放置较大的石块，小颗粒的石块则填充在大石块的间隙中。

③ 地面与瓷砖的尺寸不相吻合，出现间隙时要用碎石填埋，防止栈板松动。此外，通过在排水沟等铺上无纺布，还可以防止垃圾等被冲入排水管道。

④ 最后将多余出来的无纺布切掉，瓷砖边上多余出来的无纺布也要切除。

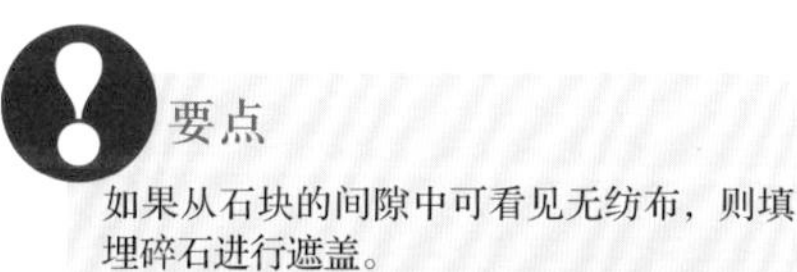

要点

如果从石块的间隙中可看见无纺布，则填埋碎石进行遮盖。

⑤ 完成

栽种植物①

植物在庭院景观中的作用

植物能让庭院的气氛变得活跃，是不可或缺的素材。要想与植物快乐相伴，首先要了解植物的生长环境。

制订栽种计划

草木栽种计划制订的关键在于如何让植物看起来协调统一。无限制地大量种植，或者如同收集喜欢的植物一样单纯地摆放一般种植，是不会让人赏心悦目的。想象一下几年后的状况，根据庭院的面积来制订计划，让各种植物都能与庭院空间协调搭配。

● 首先要挑选植物

从产品目录或图鉴中挑选植物。尤其是树木类要在园艺中心或植物园等查看实物后决定候补。如果栽种太多植物，则仅仅会给人留下贪心的印象，庭院也容易变得杂乱无章。

● 考虑好庭院的主要植物

对树木要确定作为庭院主角的象征树，对花坛则要确定视觉焦点（吸引视线的区域）的植物。

要考虑到建筑物与花坛边缘等构造物的和谐，特别是对于树木要考虑树冠大小、生长速度等栽种之后的状态。

● 在树木的间隙中考虑使用装饰植物

要考虑烘托主角的植物。首先要考虑构成庭院和花坛主体结构的植物。对庭院而言，就是围合庭院或空间的绿篱等树木；对花坛而言，则要选择多年生草本植物或宿根植物等不随四季变化的植物。

这样庭院和花坛的主体框架大体完成，然后就要确定其周边种植能让人感受季节变化乐趣的植物。此时，需要注意的是树叶和花朵的色彩与外形的和谐。如果各种植物都散乱布置，则缺乏统一感，也会冲淡主要植物的印象。

制订栽种计划

确定象征树的选择

象征树是能够成为住宅或庭院的象征树木。照片的庭院中，合欢树便承担了这个角色。

选择烘托主角的植物

花坛的外围建议选择宿根植物等不随季节变化的植物。

确定视觉焦点植物

视觉焦点是指一个庭院或花坛中视线汇聚的区域（植物或构造物）。照片的花坛中，紫红色的朱蕉十分突出。

植物的定植

树木与花草不同，体积更大，因而要注意移植时造成的损伤。为减轻损伤，让其尽早恢复长势并适应环境，要做好移植前的准备。

进行断根的目的

将某一地方生长的植物挖掘出来并转移到别的地方种植的作业称为“移植”。移植作业时选用的植物需要生长一段时间之后再移植。如果挖起来后立刻移植，则树木的负担过大，有时甚至会枯死。

因为树木依靠距离根部较远的毛细根尖端吸收养分和水分，如果挖掘后马上移栽，这些重要的毛细根被切断，树木则会变衰弱。根被切断后，至少需要半年时间才会长出新根。

因此，对于移植作业的树木，要提前将其挖出来，进行“断根”操作，以便其发出新的毛细根。在移植过程中要选择不易受到伤害的树木。

● 断根操作的时机

树木在生长时期，如果根被切断容易发出新根。就即使在生长期，庭院绿化使用的一般树木也需要半年时间才发新根，因此要根据移植的时间往回推算。而且时间也随树种、树龄等而不同，因此要参考图鉴等说明。

挖掘起来并经过断根处理，适合移植的松树。

● 断根的方法

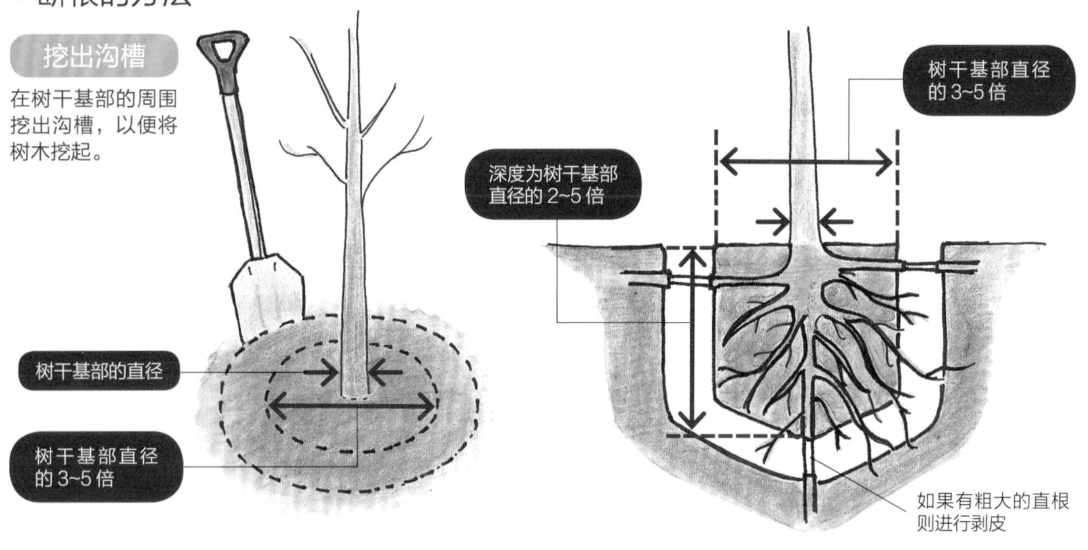

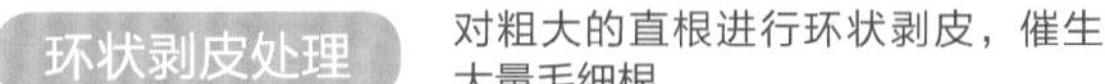

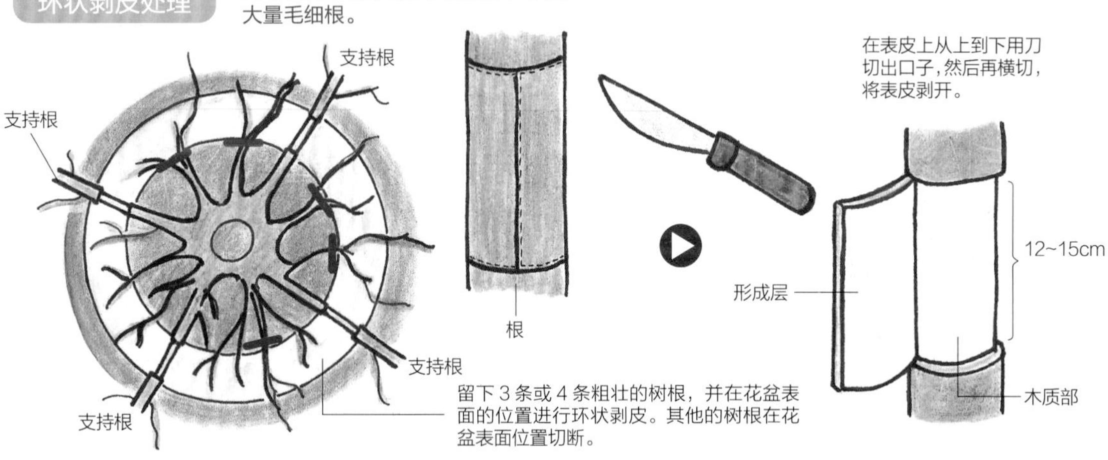

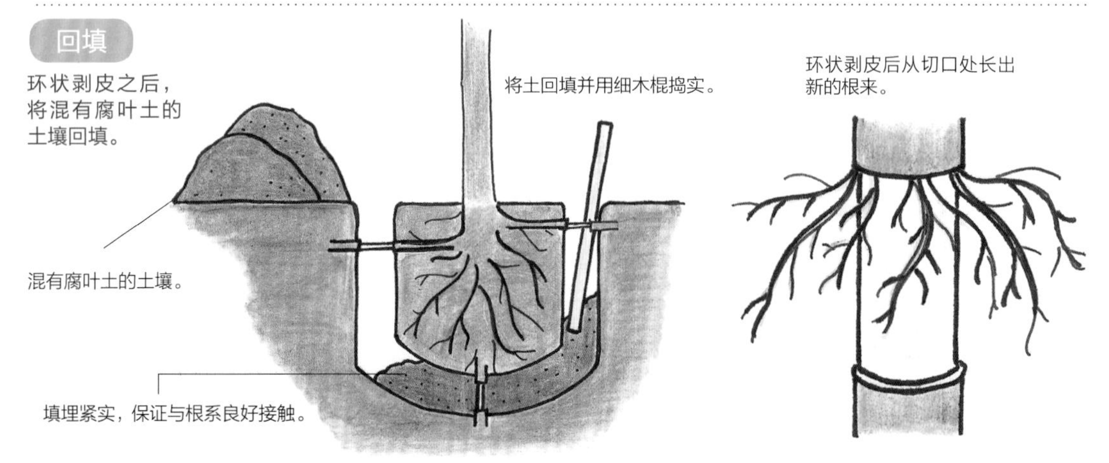

● 断根作业之后的养护 ①用支撑物固定；②播撒肥料；③用麻布将树干包裹起来；④浇水等环节很重要。

树木的移植

将盆栽或已经断根处理的树木从原来生长的土地中挖出来，并栽种到新地方的作业称为移植。移植时的注意事项：要考察新环境的状态，评估是否适合移植，树木是否可像在目前的环境下正常生长。

● 移植作业的流程及作业前的调查

■关于树木状态的调查：根据不同的树种，调查移植的时间、成活率，以及耐移植程度、树势、树龄、树木的大小、是否带有病虫害等，在此基础上可判断断根的必要性、修剪的强度，从而可以确定移植的时期。

■对环境的调查：移植目的地的土壤状态、日照条件如何。此外，移植距离和搬运方法等也要事先调查好。

● 确认移植的难易程度

■关于移植目的地环境的确认：是向阳还是背阴，或者是从住宅区移栽到有海风吹拂的地方等。如果现在的地点与新的场所的环境差别过大，则有必要考虑改变移植的时间或目的地。

■确认根系的形状：移植的树木即使在生长期间，对于直根系植物而言，切断根系对其可能是致命伤，因此有必要稍微挖掘并确认根的状态后进行判断。

■根系的再生能力（新的根是否容易长出）的确认：虽然不同树种各异，但一般说来生长期的树木断根后容易发出新根。树势如果较弱则根的再生速度也会变得更慢。

■树龄的确认：老树的树势会变弱。如果根系功能出现障碍则枯死的可能性会变高。这时有必要进行断根前的养护和断根后的养护，以缓和移植带来的伤害。

此外，对于大树而言不得不考虑的一点是，树冠大的根系延伸范围也很大，相关的断根作业要慎重进行。

与此相比，幼树树势强，只要不是病树就经得起移植。

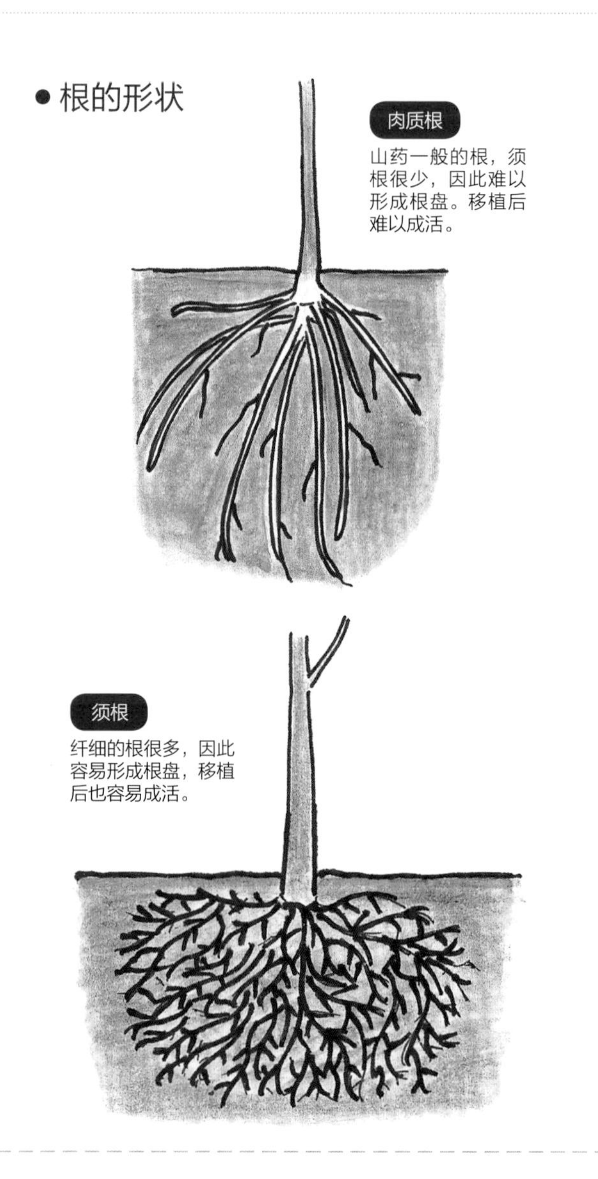

■关于天气、时间、新环境的土壤状况的确认：夏季的炎热天气或者持续放晴的时期、冬季持续寒冷干燥的时期等，树木与平常的水分吸收状况不同，容易受到损伤，要避免移植。此外，如果新环境的土壤贫瘠或者石子很多，不利于植物的生长，则需要拌上腐叶土等有机质丰富的土壤后再进行移植。

● 移植的时期

不同的树移植时期不同，适合移植的时期是让树木负担减少，移植后树木容易在新环境下成活的时期。

基本上要在休眠期到春天的发芽前时期进行移植，树木养护结束时天气变暖，在新环境开始慢慢生根，在夏季来临前真正存活，这是最理想的，但也因树种和移植的环境的不同而不同。关于要移植的树木，进行下述条件的确认十分关键。

■处于休眠期：休眠期移植会减少树木的负担，树木更容易顺利地适应移植地点的环境。

■处于光合作用蓄积了大量淀粉的时期：要在光合作用下制造的淀粉在植物体内大量积累，或者对淀粉的使用频率低的时期移植。

■处于移植树种的旺盛生长期：非老树和大树，而是其树龄可经受移植并且在移植地有望进行生长的是最合适的。要考虑到移植不可让树木的状态变差。

■要处于地上部分的蒸腾作用少、须根生长旺盛的时期：如果在蒸腾作用低的时期移植，即使移植时根系受损对水分的吸收减弱，树木也不会受到太大影响。此外，处于生长旺盛期的树木，须根的生长也很旺盛，因此成活很快。

树木的挖掘

对于要移植的树木进行准备作业，一般要进行所谓的“根部包裹”的作业。

● 挖掘树木之前的准备

①清理树木周边区域，不对移植作业造成妨碍，让作业更加轻松。

②如果土壤很干燥，则需要大量浇水，保证作业过程中根盘不发生干燥。

③事先对树木的病虫害进行处理。

④分枝过多的实木，要事先用绳子等将其绑到树干上（防止作业时造成妨碍）。

⑤对超过 3 米的大树，作业过程中有倒伏的危险，因此要支上临时支柱。

⑥在不让树木造型凌乱的前提下，可适当进行修剪。

⑦树木的基部如果有杂草等，要先拔除。尤其要除去蔓藤植物、蕨类植物等。

⑧根盘的尺寸。虽然根盘越大越好，但会让运输变得困难，也容易让根受损，更容易干燥。然而，如果根盘太小则根的数量过少，须根的生长量不足，树木的地上部分和地下部分失衡，容易枯萎。

树木的挖掘作业

1 根盘挖掘

在待挖掘的树木基部的一定范围（根盘）内进行挖掘，期间要观察根如何伸展，根系的大小和数量。

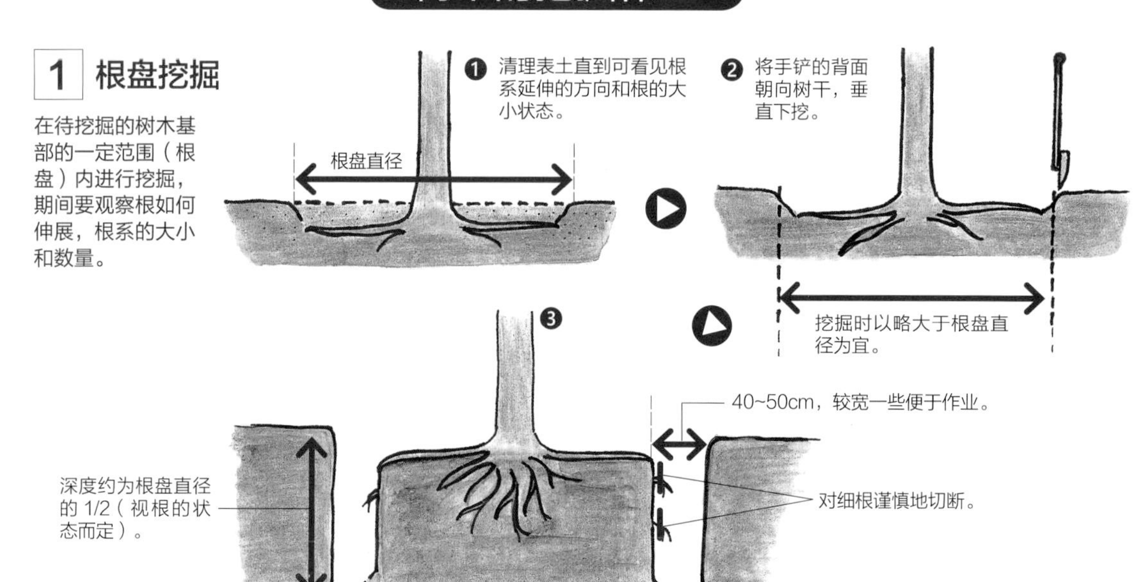

要点

用绳子测量根盘部的方法

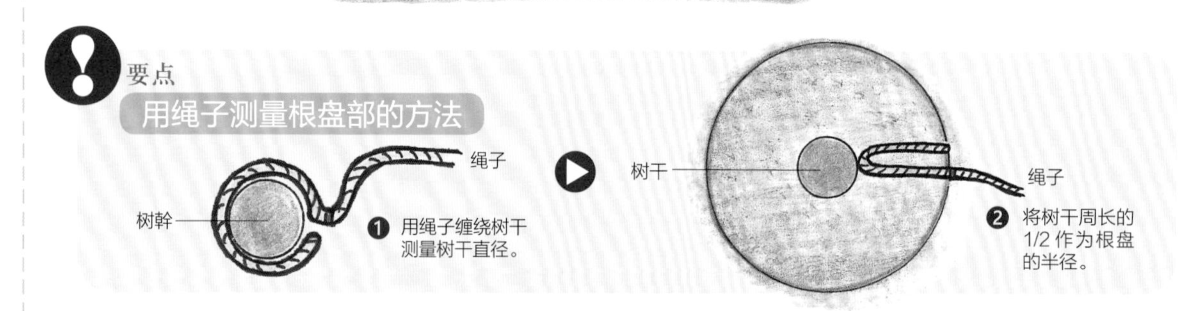

挖掘范例

• 对幼树要一次性挖出

❶ 根部要大量保留挖掘，减少对根部的损伤。

❷ 要注意挖掘时不要切断中心的主根。

• 对灌木要修剪地上部分

为防止蒸腾作用，宿根草本植物的地上部分要剪除，灌木要剪去部分枝叶。

不得不发生根系切断的情形

根系延伸范围太广，无论如何都无法挖掘时，要将根系切断。但地上部分要进行处理（剪除部分枝条或者摘去叶片等）。

● 根盘的捆扎方法

六角星式捆扎法

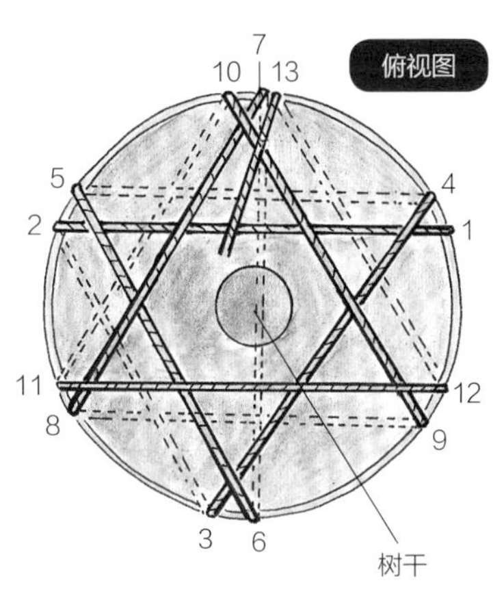

在 14 的最后，绳索的交叉部分捆紧并固定。

● 也可用这种方法

捆扎时绳索无法完全捆扎到根盘底部的情形

用稻草或苇席等垫在底部，防止底部的泥土掉落。

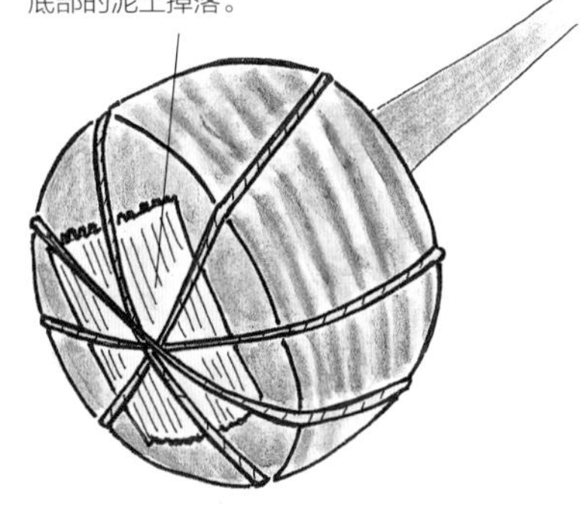

● 小树或者苗木的根盘捆扎

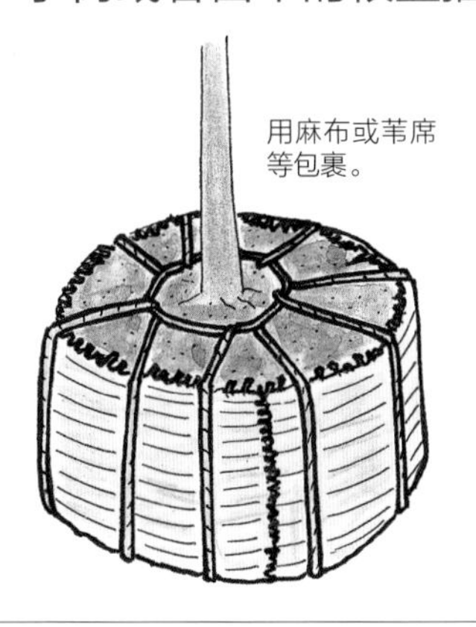

2 通过根盘捆扎进行挖掘

在断根作业完毕后带有土球的根盘周围，用绳索或麻布缠绕根盘，进行捆扎作业，防止其松散，并方便运输。

❶ 在根盘周围从下往上进行绳索的缠绕（桶状捆扎）

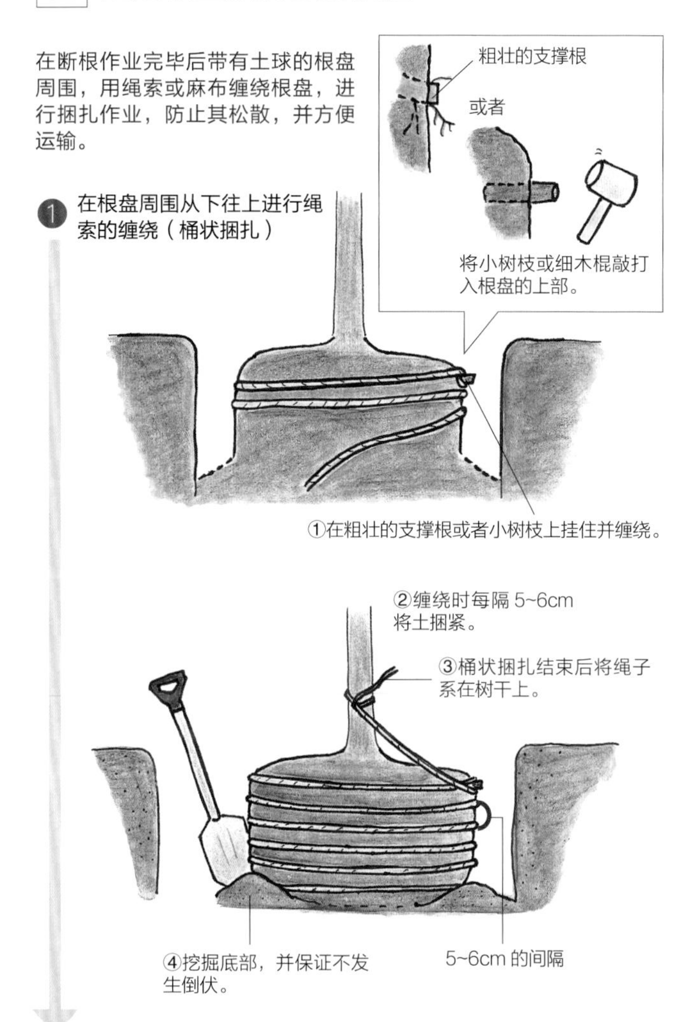

❷ 桶状捆扎完成后将绳子在上下缠绕。

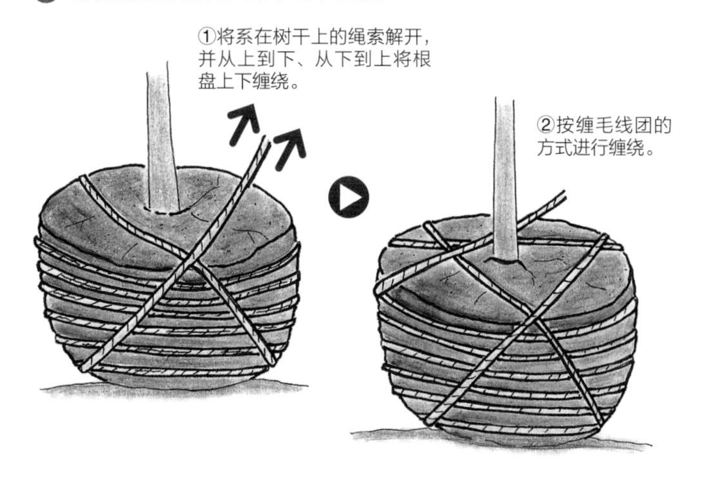

定植作业

通过根盘捆扎将树木挖起来之后，要进行定植作业。

● 挖掘种植穴

种植穴的大小一般为根盘的 1.5 倍。但需要根据种植地点的土质、地形等进行相应处理，因此种植穴的大小可能也会变化。

● 定植

在定植时，要留意以下注意事项。

①决定树木的位置。要结合庭院以及周围的景色，围绕树木观察或从远处观察等，确定树木最美观的栽种位置。

②待移植树木的根盘如果经过麻绳缠绕，就可以原封不动的种植；如果还带有塑料盆，则要将其去掉。

③确定定植的位置后，在根盘周围填埋泥土。根盘被埋入 1/3 至 1/2 时充分浇水，并用木棍等捣实，以便让根盘周围的土紧密结合。这一步骤重复多次，直至土壤填埋到地表（称为灌水填土法）。

● 树木的养生

为了让树木尽快从移植的损伤中恢复并适应新的环境，要进行以下作业。

①立上支撑木（支柱），保证树木不会被强风吹倒。

②用麻布将树干包裹，防止太阳暴晒或受冻。

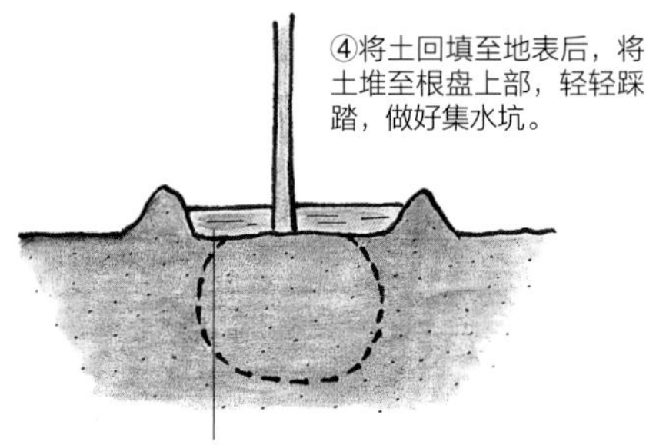

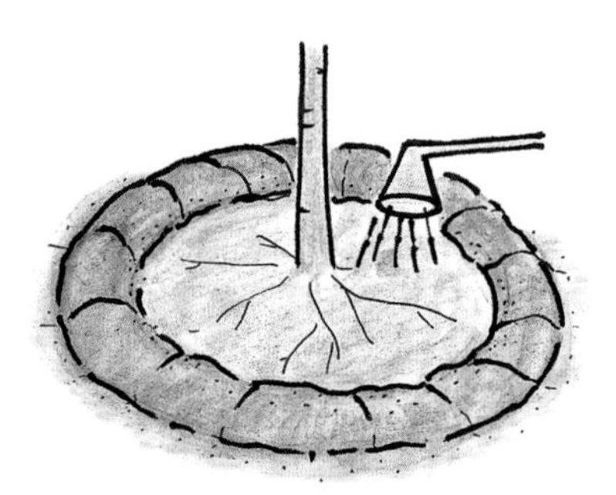

在根盘外围堆土做成集水坑，将水灌满。

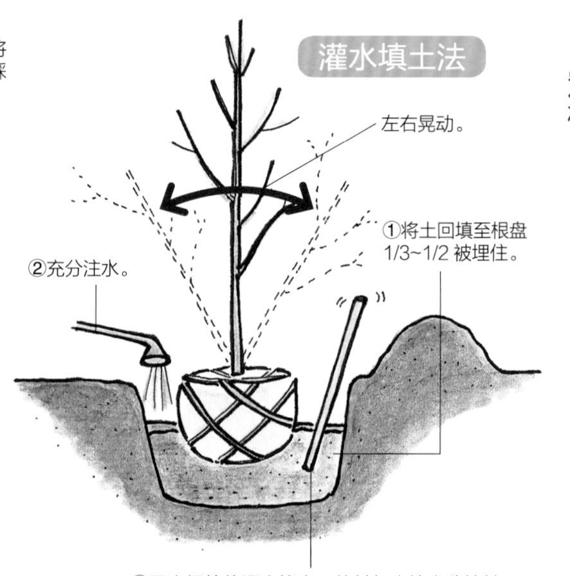

* 种植穴的大小要在根盘的 1.5 倍以上。
* 可将包裹根盘的绳子割断让其放松。塑料等化工纤维不可埋入土中，要事先将其取下。

本例介绍将树木（野茉莉）定植到花盆中的方法。选用的花盆的尺寸比根盘尺寸大一圈。树木经过断根处理，因此可以马上种植。

❶ 准备好根盘被包裹起来的树苗。

❷ 观察树木整体状况，将带有病虫害的树枝和多余的树枝剪掉。

❸ 改植会损伤根系，因此要摘掉树叶，防止其蒸腾作用对植物造成生理障碍。

要点

用树木绷带包裹树木时，要用麻绳固定。

①将麻绳分为2根，绑在树木绷带缠绕的末端。

②将一侧的2根麻绳打上绳扣。

③在绳扣中穿入其中一条麻绳。

④拉紧穿入的麻绳。

❹ 从树干基部开始，树干包裹树木绷带至树高的1/2处，进行树干包裹包养。

5 在将要移栽树木的花盆底部铺上防虫网。

6 由于花盆体积大，要放入钵底石至花盆高度的1/5处，以方便排水。

留意点！

如果培养土放入过多，则根盘无法放入。因此，培养土填至盖住钵底石即可，不够再逐步调整。

7 在钵底石上部填入培养土，并调整移栽树木根盘的高度。

8 移栽树木的根盘高度以可被新的培养土掩盖为宜。

9 找好观赏面，在根盘周围填入培养土。

10 填土别一次填满，而是一边填土一边用木棍等捣实。

11 在根盘表面即将被土盖住时，一边浇水一边晃动树木，保证水能流到根盘的下部（灌水填土）。

12 当花盆中出现积水时，要静置一段时间，等待水分渗透排出。

13 完成

动手试做

将盆栽树木移植到露天地面

本例中，将盆栽培育的树木（蓝莓）从盆中脱出，移植到露天的地面。由于根盘自然形成，因此只需挖出比花盆稍大的种植穴即可进行移植。

1 握紧树干的下部，将花盆稍稍提起，用脚踩住花盆边缘，将树木从花盆中脱出。

完整脱盆后的状态

2 挖好种植穴，放入根盘。此时，如果种植场地周边生有杂草，则将其拔掉。

3 确认植物的观赏面，将根盘放入种植穴。

4 在根盘的周围回填挖掘种植穴时挖出的土，并做出集水坑。

填土至根盘表面并做好集水坑后的状态，以便灌入水分的储存。

5 进行灌水填土，让树木固定后，再大量灌水。

一边晃动树干一边浇水，让根盘四周均被浸润。

在集水坑中注满水。

当水排尽后，将土堤压平。

将树干基部踩实。

灌水填土完成。

6 对植物的枝干进行修剪，做好收尾工作。

7 完成

动手试做

为盆栽树木进行换盆（橡皮树、盆栽）

本例介绍将树木移植到不同花盆的方法。新的花盆要比现在的花盆稍大，并且要根据树干的粗细进行选择。

❶ 将花盆平放在塑料布上，敲击盆壁，将树脱盆。

握紧树干，踩住花盆边缘将其拔出。

脱盆后的状态。

❷ 将花盆平放在塑料布上，敲击盆壁，将树脱盆。

宿土去除后的状态。

除去枯萎的根。

❸ 在改植的花盆底部铺上防虫网并填充钵底石，在其上结合根盘的高度，填入培养土。

❹ 根盘放入花盆，确定树木的观赏面。

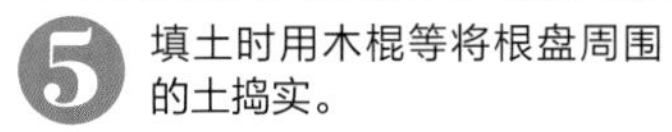

5 填土时用木棍等将根盘周围的土捣实。

6 晃动树干，并填土盖住根盘。

7 在花盆中大量浇水，并晃动树干，进行补土，保证树木稳定。

当水排干后，如果填土不实则会出现凹坑。先对其进行补土然后再浇水。

8 大量浇水直到盆底流出的水变得透明。

9 完成

栽种植物③

树木修剪的方法

庭院树木的树枝每年都在生长。建议在欣赏的同时，也要挑战一下对树木整形，促使其充分开花结果。

修剪和回缩的目的

树木作为生物，随着生长树干会变粗，枝叶也会变得繁茂，这样更能体现出观赏的价值。

要保持理想的观赏状态，则促进植物生长的修剪环节必不可少。

● 从观赏效果角度出发进行修剪

①为了突出树木本身的造型之美，要考虑从枝干的弯曲和布局等进行修剪。

②为了表现绿篱或绿雕等的直线或曲线之美而进行修剪。

③为达到与栽种位置、栽种目的相匹配的造型、高度和冠幅等进行修剪。

● 从实用效果出发修剪

①对绿篱、防风和隔音的树木进行修剪。通过修剪和回缩促进萌芽，让枝叶更加繁茂。

②为了减少道旁树等因为台风而倒伏造成的危害，防止其对标识、招牌等的遮挡妨碍而进行修剪。

● 从树木的生长角度出发进行修剪

①促进开花结果、为驱除害虫进行修剪，改善光照与通风。

②在树木移栽时，为了保持根系的吸水量与蒸腾作用之间的平衡而进行修剪。

③为了恢复树势或矫正树形进行修剪。

● 修剪及回缩的时期

■春季修剪（3 ~ 5 月）：在新梢抽出而尚未变硬的时候进行疏枝或短截，防止树形变乱。

■夏季修剪（6 ~ 8 月）：枝叶过于茂盛让通风和采光变差，要将杂乱的枝条进行修剪。尤其是早春开花的植物类，花芽分化期在 7 月到 8 月间，因此要在 6 月底之前完成修剪。此外，在秋天的台风季要进行疏枝或短截，以减少对风的抵抗。

■秋季修剪（9 ~ 11 月）：二次芽容易萌发而破坏树形，因此不能进行重度修剪。

■冬季修剪（12 ~ 次年 3 月）：是树木修剪最重要的时期，要注意以下几点。

①春天发芽早的树种的修剪时期也要提早。

②积雪较多的地方要在雪融化之后进行修剪。

③常绿阔叶树不耐严寒，要避免重度修剪。

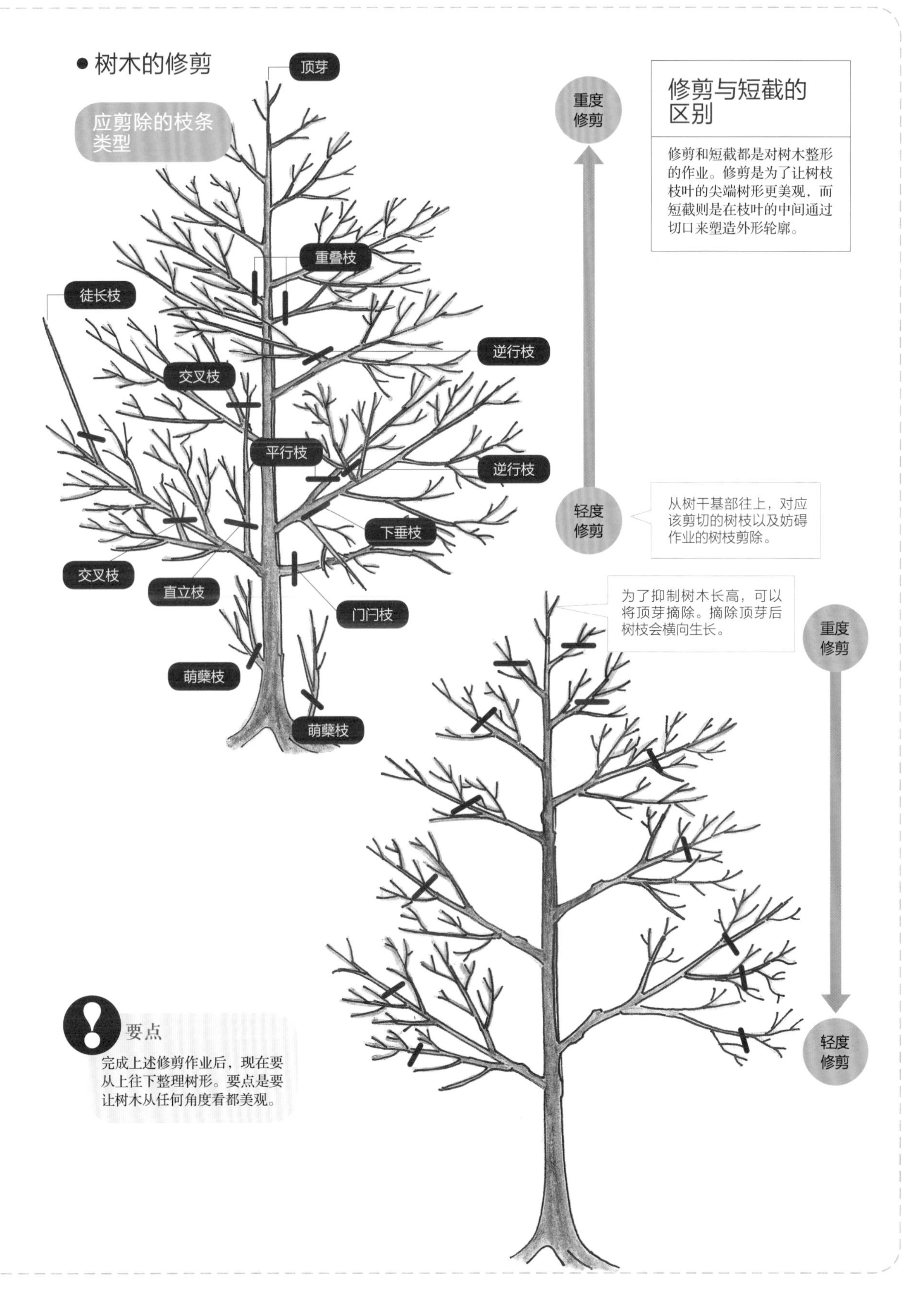

修剪与短截的区别

修剪和短截都是对树木整形的作业。修剪是为了让树枝枝叶的尖端树形更美观，而短截则是在枝叶的中间通过切口来塑造外形轮廓。

要点

完成上述修剪作业后，现在要从上往下整理树形。要点是要让树木从任何角度看都美观。

重度修剪与轻度修剪

树木的修剪作业要考虑到树形和树高，而且必须要与所在的位置相融合。植物具有顶端优势，中心部分的树枝长势强，也会成为树形凌乱的原因。

在修剪时，剪去中心生长过长的枝条，让其周围的小枝条来调整树形。无论粗枝、细枝都要一起修剪的叫作“重度修剪”，只对粗枝周围的小枝条进行轻度剪切的称为“轻度修剪”。重度修剪后，一定会容易出现长势旺盛的新枝条，所以必须注意。

● 重度修剪

修剪的基础知识

实例

新手会对从何处着手修剪而感到迷惑。合理的方法为从下往上，对妨碍作业的枝条进行剪除，然后从上往下进行修剪整形。

❶ 从树干下部开始，将不需要的枝条剪除，并逐渐往上推进。

❸ 修剪结束后进行清扫。

❷ 从上往下进行修剪。

实例 树木的修剪方法

树木修剪不仅仅是保证观赏效果，而且通过剪除杂乱的树枝，可以改善其透光性，让树势变强。此外，通风也会变好，因此还能起到预防病虫害的作用。

1 长势不良的红石楠树修剪

由于在背阴的地方放置了数年，因此红石楠树的树形很乱，而且生长不良。

① 观察整体状况，剪除长势过强的树枝。

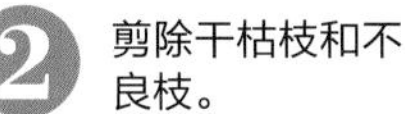

② 剪除干枯枝和不良枝。

③ 观察整体状态，对徒长的过长枝条也进行短截。

修剪结束

2 高大的圆头叶桂修剪

① 决定了修剪后的大致长度后，使用三角梯从上往下开始修剪。

② 对密集的枝条进行大致修剪，进行疏枝（粗枝疏剪）。

③ 观察剩余的枝条，对枝条相互交叉的区域进行细致修剪（小枝疏剪）。

修剪结束

④ 如果不希望树木长高，则可以将中心的主干进行修剪，抑制长高(摘心)。

实例

短截及回缩的修剪方法

如果在树形凌乱且已经木质化的树干上发现新芽，则可以在新芽之上部位进行修剪，对树形进行矫正，这一操作被称为“回缩”。此外，如果希望新芽从植株的侧面发出，则可以通过短截现在树干的方式，将营养集中在长出的新芽上，这种修剪被称为“短截”。

1 薰衣草的回缩修剪

① 株形较乱的薰衣草主干中有新芽发出，因此进行回缩修剪，留下新芽，让来年的树形更美观。

② 将细枝和枯萎枝剪除。

修剪结束

2 绣球花的花后修剪（短截修剪）

① 为了控制第二年绣球花的高度，在花后对新芽进行短截修剪。

② 将老枝剪除，让养分能充分流向新枝。

修剪结束

澳洲迷迭香花后抽出新枝，让株形变得凌乱。

澳洲迷迭香银色叶片很漂亮，将其短截，让整体变成圆形。通过修剪让第二年的枝叶更加繁茂。这种植物只在新生枝条顶端开花，为了增加开花量有必要进行修剪。

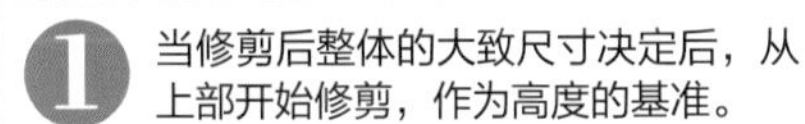
1 当修剪后整体的大致尺寸决定后，从上部开始修剪，作为高度的基准。

2 将剪枝剪翻过来，利用刀刃的角度，对侧面进行修剪。

3 树干基部之上部位的树枝很多，无法透光，因此叶片稀疏，所以要重度修剪，让上部的枝条生长，以盖住树干基部。

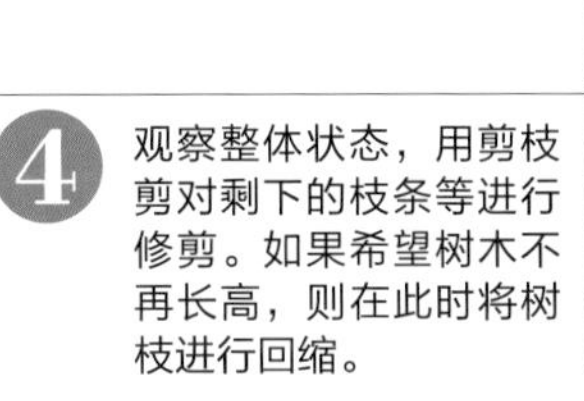
4 观察整体状态，用剪枝剪对剩下的枝条等进行修剪。如果希望树木不再长高，则在此时将树枝进行回缩。

修剪结束

5 短截修剪结束后，用手清理掉挂在树枝上的残枝落叶。

种植草本花卉

草本花卉作为装点庭院的重要角色，是必不可少的素材。花的形状、色彩和植株大小等种类很丰富，但注意不要过于贪心，导致庭院显得太过杂乱。

草本花卉的种类以及鉴赏方法

● 草本花卉的分类

草本花卉中，有从播种、发芽、生长、开花、结果到枯萎都在一年中完成的“一年生草本”，也有在两年间完成的“二年生草本”。此外，还分为春天发芽并生长、从初夏到秋天开花、冬天地上部分枯萎的“宿根草本”，以及地上部分不会枯萎，可以耐寒耐热的“多年生草本”。此外，还有具备在根、茎、叶中储存养分器官的“球根类草本”。

从种植起，短时间要让花坛完成的话，则可以考虑以一年生草本植物为主体。但1年生草本植物开花之后开始结实时，花量就会减少，因此需要频繁地将残花等摘除。

宿根草本植物需要每隔几年进行一次分株或者将植株挖起进行更新，但种植之后可在一段时期内维持原样即可。

要根据植物各自的特征来进行选择。

不同色彩的组合增添乐趣

大胆的配色造型，让花坛给人留下深刻印象。

缤纷的树叶引人入胜　全年都呈现缤纷色彩的树叶，营造令人轻松的庭院氛围。

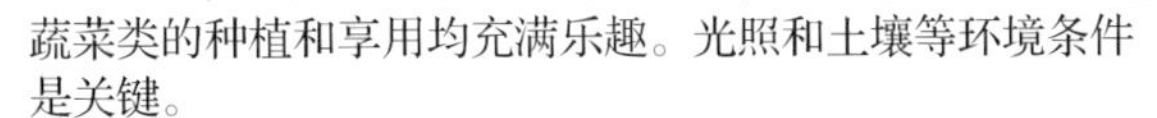
蔬菜类的种植和享用均充满乐趣。光照和土壤等环境条件是关键。

带来清香的药草类，开花也很美丽。属于既实用又容易打理的庭院素材。

● 体验缤纷色彩

■**色彩组合的构思：**用同色系的颜色进行组合时，可让视觉效果更加平稳，但也容易显得枯燥。反过来说，如果将各种色彩都增添到花坛中，则又会让花坛的风格无法统一。

因此，首先要确定主色调，然后根据主色调选择同色系的色彩进行搭配。在其中可以加入所选色彩的对比色，营造出韵律感。此外，如果色彩种类过多导致无法统一时，也可以加入白色，让视觉效果稳定下来。

■**缤纷树叶增添韵味：**既有绿色的树叶，又有黄绿色的树叶，还有深绿色的树叶。如果想要体验植物的色彩，则不能仅仅关注花朵，还要留意一下叶子。

叶片有银色系、古铜色系等，因此仅用叶片颜色作为点缀的庭院也充满韵味。

■**不同花形引人入胜：**有薰衣草一样花序呈稻穗状的，也有三色堇一样开球形花的植物，花朵的形状和大小变化丰富，对其组合应用是关键。

如果仅是将同样形状的花卉进行排列，则和花店的棚架上摆放的花没什么两样，因此要像拼布一样将不同形状的花组合种植。如果喜欢种植吊兰这类观叶植物，也要注意不要单纯地将同一形状的植物排列组合。

■**享受香草植物：**草本花卉的香气，是为庭院增添温馨氛围的要素之一，在室内也可通过窗户和院门来体验花瓣清香。

芬芳型植物中有藤蔓性的品种，即使场地面积很小也可以种植，因此如果种植在窗户旁边，每当开窗就香气扑鼻。

此外，香草植物的叶片中富含芳香成分，因此香草植物与宿根植物和多年生草本植物一样可作为花坛的素材进行种植。

■**具有实用性的蔬菜种植也充满乐趣：**目前甚至可以买到可盆栽或在狭窄场地种植的迷你蔬菜，蔬菜栽培的受欢迎程度可见一斑。

蔬菜的栽培状况取决于土壤的状况，因此在配制土壤时要混入腐叶土等有机质并充分搅拌。蔬菜与花卉混植也乐趣无穷。

实例 在花坛内种植草本花卉

现在让我们在配好土壤的花坛中种植应季的草本花卉。在栽种前，做好植物布置图等栽种计划，可以避免购买多余的花苗，还能让栽种更快完成。

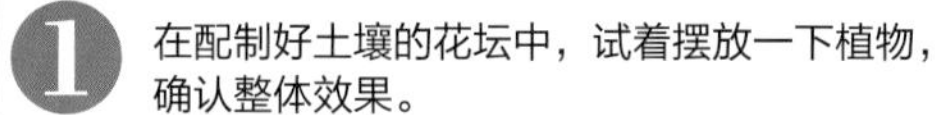

❶ 在配制好土壤的花坛中，试着摆放一下植物，确认整体效果。

❷ 考虑植物后续的生长，在栽种时留好株间距。

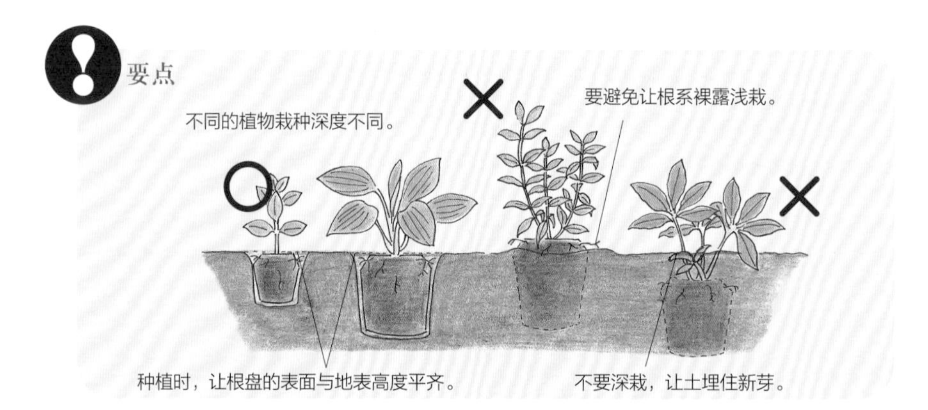

实例 花坛的日常管理

观赏的草本花卉，为了不使其结果要将残花摘除。但也会因为日照等环境条件而造成造型变乱，因此生长到一定程度要进行回缩修剪。

尤其是如果希望让草本花卉开花更多，则可通过修剪来增加枝条，从而增加花量。

❶ 将探出花槽的部分剪除。修剪时，并非剪除全部枝条，而是要考虑到花槽的大小和整体尺寸的均衡。

杂乱的花槽

❷ 修剪时留意新芽，将株形调整得更美观。

庭院植物推荐

庭院各具特色的美化植物

观花类庭院植物

这些植物以斑斓的花朵让人能感受到庭院的四季更迭。
这里推荐了不同季节绚丽多姿的、生命力强的、适合空间有限的庭院植物。

梅花“红笔”

香气浓郁，属于早春花木的代表。经常作为主树栽种于日式庭院中，但垂枝性的品种也适合西洋庭院。

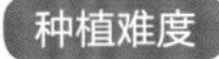

★★★

山茶花“玉之浦”

世界著名的观赏花木。容易养育的美丽品种众多。有良好的耐阴性，在建筑物的荫蔽处也可生长，适合小型庭院。

★★★

金丝梅“西德科特”

树枝呈弧形伸展，从初夏开始绽放黄色的大花。在光照良好或背阴处皆可种植，但在土壤贫瘠处开花稀疏。

★★

栎叶绣球“雪花”

因叶片像橡树叶而得名。是白色系庭院中不可缺少的花木，在晚秋还可观赏其红叶。

种植难度

★★

大花四照花

春季可观花朵，夏季可观绿叶，秋季观红叶，冬季观红果，四季皆有不同的韵味。是很受欢迎的花木。可以作为小型庭院的象征树种植。

种植难度

★★★

素心腊梅

亮黄色的花朵如同晶莹的蜡烛艺术品一般。早花品种在11月下旬至次年2月前后开放，在少有鲜花盛开的寒冬中送来阵阵浓香。

种植难度

★★★

观叶类庭院植物

这些植物的叶片五彩缤纷，适合西式建筑，很受欢迎。通过曼妙色彩的叶片的组合，营造出更加华丽的庭院。

梣叶槭“弗拉门戈”

原产自北美，适合寒冷地带种植。由白、粉、绿三色组成的叶片非常美丽。推荐作为象征树。

种植难度

★★

蓝叶云杉

叶子呈银蓝色，属于蓝色系针叶树的一种。是生长缓慢的灌木，树形呈半球形或者圆锥形。适合狭小的庭院。

种植难度

★★

黄金枷罗木

东北红豆杉中培育出来的园艺品种，在日本市面上被称为金枷罗。春季萌芽期时叶片呈美丽的金黄色，可将修剪下来的枝叶作为草坪庭院的点缀。

种植难度

★★

杞柳“白露锦”

属于斑叶的品种，早春萌芽时尤其美丽。叶色从淡绿色向粉色、白色变化，在初夏时转变为带有白色斑纹的叶片。

种植难度

★★★

黄栌

新叶呈紫红色，之后转变为青绿色。春季开花，花小不起眼，但雌花在花后变成团团烟雾状，很有特点。

种植难度

★★

星点木

叶片上有繁星一样的黄色斑纹，让荫蔽的庭院变得明亮，光彩夺目。由于是雌雄异株，如果想要观赏艳丽的红色果实，则还需要栽种雄株。

种植难度

★★★

藤蔓植物

在棚架、拱门、格栅花架等之上攀附牵引花木，烘托庭院的立体感。即使在狭小的空间，也能享受花团锦簇的感觉。也可以作为庭院的视觉焦点。

日本南五味子

可攀附于拱门与廊柱之上，还可用作绿篱。在秋季，独特的累累红果悬垂于长长的果柄之下，非常美观。

★★★

月季“西班牙美人”

产自西班牙的藤本月季，嫩绿色的叶片与粉色花朵的对比异常美丽。带有香气的花瓣呈波浪状下垂。

★★★

紫藤

具有怡人香气的蝶形花成簇绽放，在风中优雅地摇曳，非常具有魅力。攀附于棚架之上是最受欢迎的做法，也可攀附于格栅花架上。

★★★

蓝花西番莲

花形令人想到钟表的指针，因此在日本也被称为钟表草。可让其缠绕攀援于拱门或格栅花架上，在寒冷地区可支上环形花架进行盆栽。

★★

凌霄花

在夏季大量绽放橙色的喇叭状花。令其攀附于廊柱之上，枝条向四方下垂。既不会占用空间，也可尽享赏花的乐趣。

种植难度

★★★

多花素馨

生长旺盛的藤蔓类植物，使其缠绕攀附于拱门或围篱上，花期时阵阵花香沁人心脾。寒冷地区可进行盆栽。

种植难度

★★